原発の断りかた

ぼくの芦浜闘争記

柴原洋一

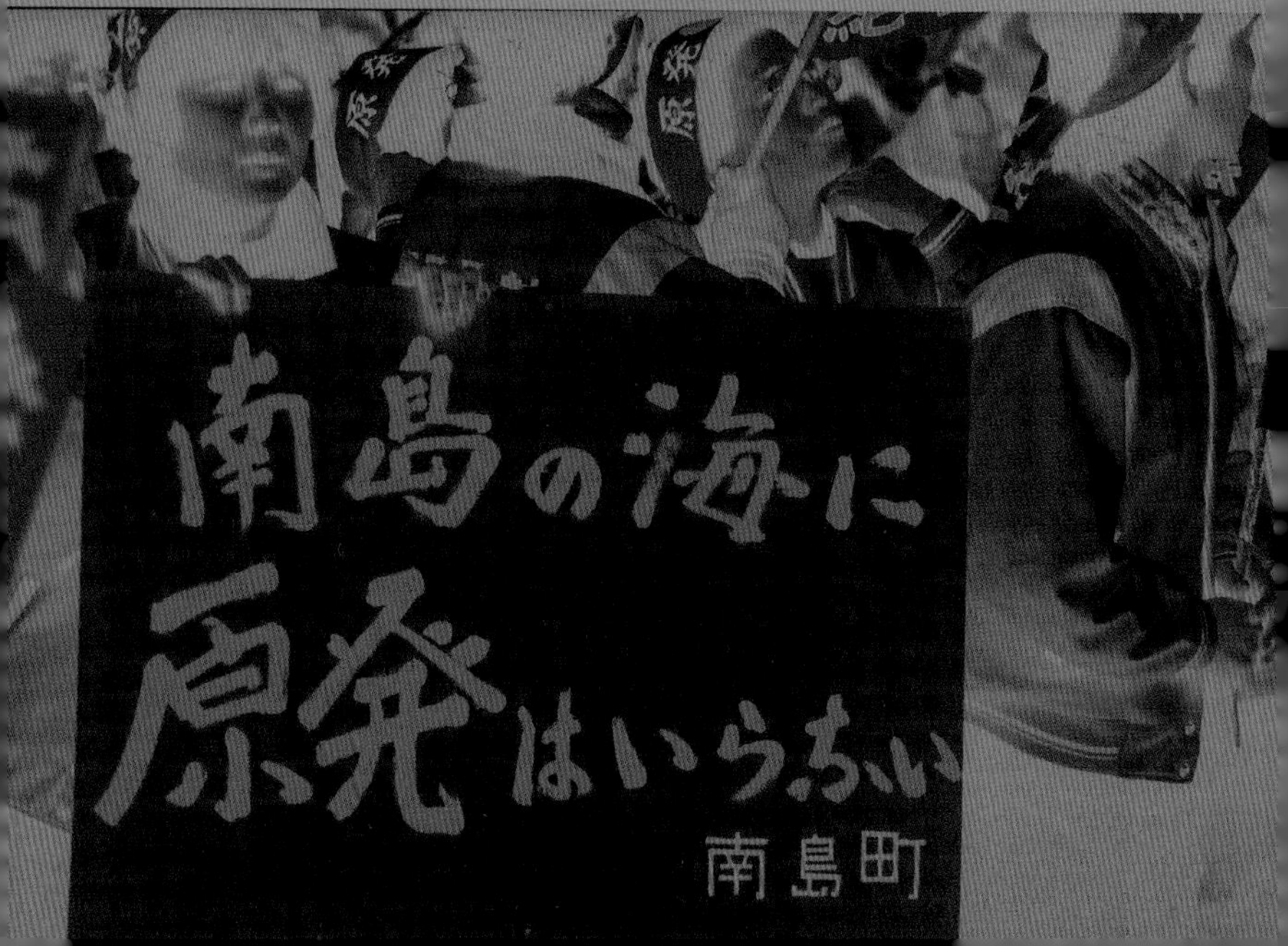

姫越山（ひめごやま）から見下ろす芦浜と、海跡湖の芦浜池。
中部電力は、ここに原子力発電所建設を計画した。

古和浦漁港（南伊勢町・上）と錦漁港（大紀町・下）。

はじめに

「こんなことが、なんで許されるんや！」

一九八〇年代から世紀末への日々、三重県の熊野灘に面した芦浜《あしはま》に原子力発電所を建設しようとする者たちの所業を目の当たりにして、ぼくは腹の底から怒っていた。原発に対する怒りは二十一世紀の今もなお抑えようがない。

二〇一一年に福島原発事故を起こして放射性物質をまき散らし、現在に至るも人びとに被曝を強要して恥じない原子力推進者たちは、自らを省みることなく、原発再稼働を強引に進めようとするばかりか、他国への原発輸出にまで手を染めている。自らの利益のために、他国の人びとの上に放射能を降らせる危険性を拡散しようというのか。もはや日本人の七割が原発のない社会を望んでいるという現実に目を瞑《つむ》って。

この冷酷と無責任と民意の無視は、かつて芦浜原発計画の現地で見た推進者のあり方と何ひとつ変わってはいない。

これを読んでおられるあなたは、原発建設にいたる社会的なプロセスが、徹底した情報公開と冷静な議論を経たのち、住民の判断を待つというように、つまり民主的に進められるものだと思っておられるだろうか。残念ながら、ぼくが見た現実はそうではなかったし、原発を押しつけられた民衆から見たこの国の原子力開発の歴史も、民主主義の不在を伝えている。有り体に言えば、原発開発とは権力とカネの力を使ったゴリ押しである。それこそが、福島の事故以後の日本で今なお繰り返されている原発推進の姿だ。

しかし地元南島町《なんとうちょう》の住民は、強大な原子力利権共同体の力に屈さなかった。国策に抗い、ついに芦浜原発計画を撃退したのだ。二〇世紀が終焉する二〇〇〇年春のことである。かの地に計画が持ち込まれてから三七年もの月日が流れていた。

その歳月、芦浜で何があったのかを、あなたに伝えたい。子どもたちの命を守るために、熊野灘の人びとが人生をかけて戦い、ついに勝利した歴史を知っていただきたい。これは、平和な漁村に原発を持ち込もうとした電力会社・原子力産業・中央政府・地方行政および議会という巨大な勢力を向こうに回して、一歩も退かなかった勇敢な庶民たちの物語だ。

　これまでにもジャーナリストや町当局によって記録は残されたが、異なる視点からの報告があってもいい。闘争の現場には、住民でもジャーナリストでもない人たちもいた。四日市や名張、津、伊勢などに住みながら、芦浜原発に否の声を上げ、ときには助っ人として現地に駆けつけた町外市民たち。かく言うぼくもその一人だ。本書は、市民運動の側から見た私的「芦浜原発反対闘争史」である。

　本編を始める前に、舞台である三重県の芦浜、および南島町の位置について説明しておこう。活字による地理の説明が苦手だという方は、すぐに地図を参照されたらよいが、地名の読み方は本文で確認していただければと思う。

　三重県は日本列島の主島である「本州」中心部の太平洋側に位置する。大阪と名古屋の間から太平洋に突き出た、紀伊半島という本州最大の半島の東海岸が三重県で、西海岸が和歌山県。内陸部に奈良県があり、半島の南端近くで三県が接している。半島の東部にせり出した部分が伊勢志摩国立公園で、その西端に南島町がある。

　平成の市町村合併で南島町は東隣の南勢町と合併して南伊勢町《みなみいせ》に、西隣の紀勢《きせい》町は北接する大宮町と合併して大紀町《たいき》へ町名変更されているが、本書では反原発闘争期の旧町名を使わせていただく。また、登場人物の肩書きや年齢も闘争時点のものである。

さて大阪や名古屋から南島町へ行くには、いったん伊勢を経る。その先は県道伊勢南島線で伊勢市と南島町の境の能見坂峠《のみざか》を越えるか、県道玉城南勢線で五ヶ《ご》所《しょ》へ出て西進するか。いずれにしても山を越えて熊野灘沿岸に至る。この五〇年で道路網はずいぶん改善されたが、反原発闘争期の南島町は、どの道を選ぼうとも九十九折の峠を越えて行かねばたどり着けない〝陸の孤島〟であった。

南島町には七つの「浦」がある。浦とは「入江」で、同時に入江に臨む「漁村」をさす。西から、古和《こわ》浦、方座《ほうざ》浦、神前《かみさき》浦、奈屋《なや》浦、贄《にえ》浦、慥柄《たしから》浦、阿曽《あそ》浦。地元では、わざわざ「浦」をつけて称すことはない。たんに古和、方座と呼ぶ。本書でも、浦をつけないで書く場合があることをお断りしておく。

海辺であっても、漁村でない集落には「浦」がつかない。新桑竈《さらくわがま》や棚橋《たなはし》竈など、名前に「竈《かま》」のつく集落が六つあって、これらは「竈方《かまがた》」と称される。かつて塩焼竈があった名残である。

芦浜は、紀勢町と南島町にまたがる無人の海岸で、礫《れき》と砂による弓形の浜は一kmにも満たない。内側に「芦浜池」という海跡湖があって、背後には杉林が続き、そのまま浜と森を取り囲む山なみへと駆け上がる。南島町が陸の孤島ならば、芦浜はさらに隔絶された孤島の中の孤島と言えよう。人里から浜へ至るには徒歩で山道を辿るしかない。船でアプローチできないこともないが、船着き場がなく、太平洋の大波がまともに打ちつける浜への上陸は容易ではない。

無人と書いたが、かつては人が住んでいた。ぼくが初めて芦浜の地に足を踏み入れたのは一九八三年だが、まだ古い家が一軒残っていた。自動車の残骸も見た。いまでも瓦など家の痕跡を見ることができる。あるいは東南海地震（一九四四年）による津波で無人に帰したのだろうか。

浜と背後に広がる森林を含めた一帯は、紀勢町と南島町に分かれている。浜の大部分は紀勢町だが、森林は南島町側に多く広がっている。この地に中部電力（中電と略す場合も）は、まず二基の原子炉を据えようと目論んだ。一九六三年のことである。

チェルノブイリ原発事故直後に当地を訪れた小出裕章《こいでひろあき》さん（京都大学原子炉実験所助手）は、「一〇基、造れますね」と言った。芦浜が、決して狭くはないことを感じていただけただろうか。

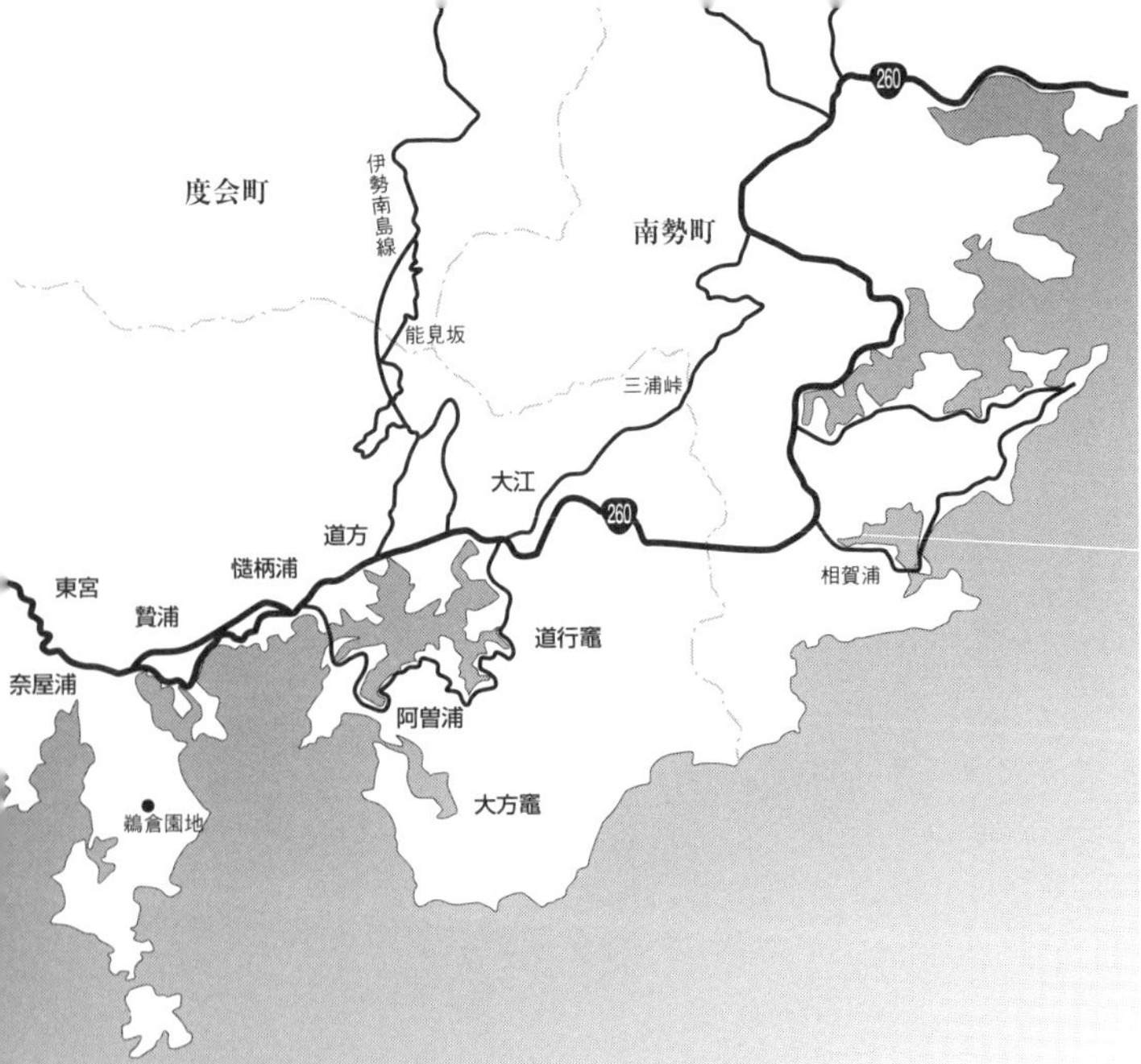

方座浦に建つ「芦浜原発を止めたまち」記念碑。

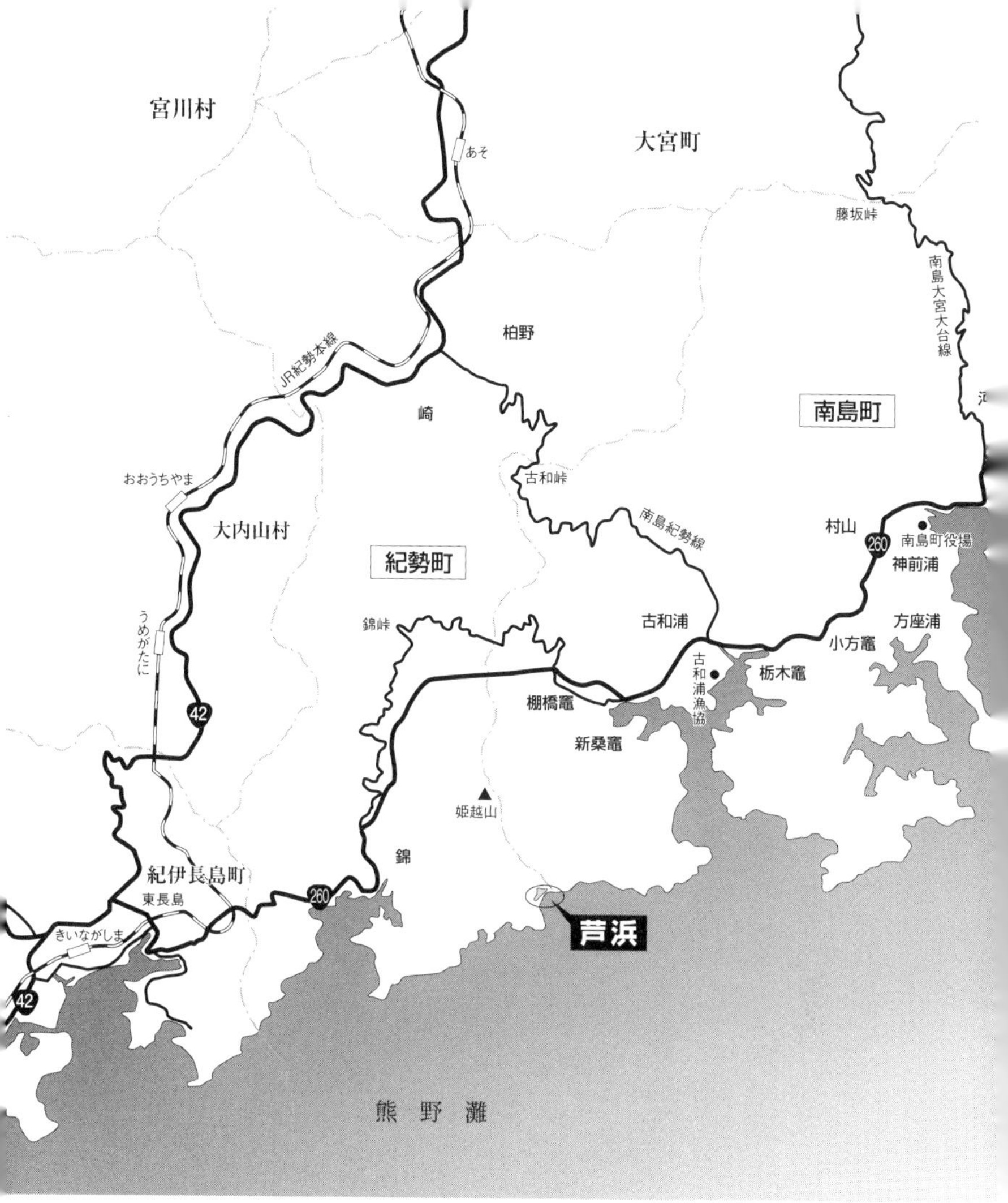

南島町・紀勢町地図

町名は平成合併以前の旧名・区分

原子力発電所分布図

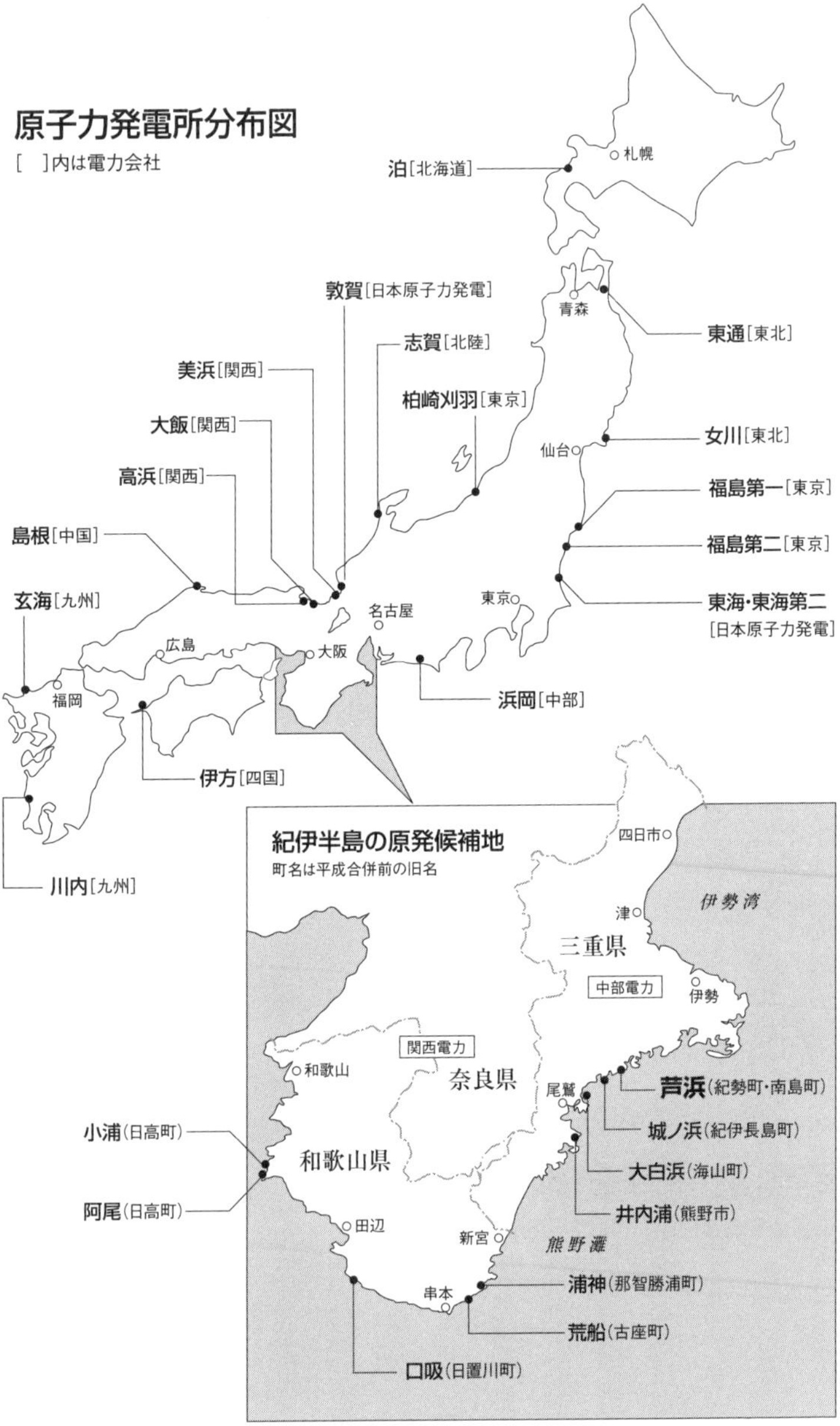

[　]内は電力会社
泊[北海道]
札幌
敦賀[日本原子力発電]
青森
志賀[北陸]
東通[東北]
美浜[関西]
柏崎刈羽[東京]
大飯[関西]
女川[東北]
仙台
高浜[関西]
福島第一[東京]
島根[中国]
福島第二[東京]
玄海[九州]
東海・東海第二
[日本原子力発電]
名古屋
東京
広島
大阪
福岡
浜岡[中部]
伊方[四国]
川内[九州]
紀伊半島の原発候補地
町名は平成合併前の旧名
四日市
津
伊勢湾
三重県
中部電力
伊勢
関西電力
和歌山
奈良県
芦浜(紀勢町・南島町)
尾鷲
小浦(日高町)
城ノ浜(紀伊長島町)
大白浜(海山町)
和歌山県
阿尾(日高町)
井内浦(熊野市)
田辺
新宮
熊野灘
浦神(那智勝浦町)
串本
荒船(古座町)
口吸(日置川町)

目次

誰かが声を上げる。
それは待たれていた声だ。
声に応える声が上がる。
誰かが歩き出す。
それは待たれていた歩みだ。
人びとが歩き始める。
闘争とは、声を上げるということだ。
闘争とは、応える人がいるということだ。
闘争とは、信頼だ。
闘争を、讃えよう。

ぼくの芦浜闘争記

「さようなら原発 三重パレード」。横断幕の左手が著者。
2018年3月11日、津球場公園。(撮影/月兎舎)

一、日本初の漁民海上デモ

芦浜原発の反対運動は一九六〇年代に幕を開けた。ぼく自身が闘争に関わったのは八〇年代に入ってからだが、芦浜闘争を理解していただくには、六〇年代からの前史も知っておいてもらわねばならない。

芦浜の戦いは、前段を「第一回戦」（1963～67年）、後段を「第二回戦」（1984～2000年）として語られることが多い。前段の山場となったのは、一九六六年に起きた「長島事件」だ。巡視船に乗って現地視察の強行を図った国会議員による調査団の前に、熊野灘漁民の船団が敢然と立ちはだかったのである。

国がやってくる

一九六三年十一月末、紀勢町と南島町にまたがる芦浜が突如、原発候補地のひとつとして発表された。これを受けて翌年、南島町の反撃が始まる。日本が東京オリンピックに沸き立っていた頃である。二月二三日、町内七漁協の中で、芦浜に最も近い古和浦漁協がいち早く原発反対を決議すると、他漁協もこれに追随した。

六六年に至って地元の反対運動は熾烈を極め、県と中電は打つ手を欠いていた。膠着《こうちゃく》状態を、政治力によって打破しようとした推進勢力は九月十九日、国会議員団を現地視察に送り込む。ついに「国」がやってくるのだと住民は身構えた。

南島町ではすでに町議会が原発反対を決議し、町長も反対意思を表明していた。町と南島漁民は、民主主義に則り、平和的かつ実に丁寧に、知事・県議会と建設主体である中部電力に原発反対の意思を伝えた。県・中電を相手に直談判が重ねられ、漁民たちは漁を休んで集会を開き、反対デモの隊列を組んだ。そして、漁民史上初といわれる漁船による海上パレードが展開された。

古和浦漁協専務理事だった中林《なかばやし》勝男さんの著書『熊野漁民原発海戦記』（技術と人間社）から、「わが国初めての漁民海上デモ」の一節を引用する。

「七月二四日（1964年）、早朝、各地区漁協から出発した漁船四〇〇隻。一船に五、六人乗って総勢二千人以上。神前《かみさき》沖合で船団を組み、阿曽浦の甚正《じんしょう》丸に船団長・浜地初男《はまぢはつお》闘争委員長が乗船し、総指揮船として先頭に立つ。各船大漁旗をはためかせ、原発反対のプラカードを掲げ、四列縦隊の大船団の堂々たる船行は壮観そのものであった」

この日本初の海上パレードは、熊野灘を東から西に勇進し、南島町から芦浜を過ぎて紀勢町錦《にしき》に、そして長島町《ながしま》（1970年から紀伊長島町・現紀北町《きほく》）へと船足を伸ばす。その地の漁協幹部との懇談と街宣を終え、船団が長島港を離れようとするときの光景についても、中林さんはこう回想している。

「折から魚市場に集まっていた大勢の漁民、婦人部の方々から『元気でやろうぜ』と大声が飛び、何度も叫んだその言葉は、温かい漁民同士の連帯の声として、今なお忘れられない」

知事と県議会への陳情、中電に出向いての抗議などの行動は四〇回を超えた。集会・デモ約一〇回。一〇〇〜三〇〇人規模での県議会傍聴、つまり監視行動も約一〇回、延べ一五〇〇人が参加した。

地元の意思は明確に表現されていたのだ。日本が民主国家であるなら、知事にも中電にも「撤退」しか選択肢はなかったはずだ。

だが、知事も県議会も中電も、推進の姿勢を改めることはなかった。六五年、中電は秘密裏に用地買収を完了し、現地調査の実施を発表していた。その上での国会視察団の登場である。町は視察中止を要請したが、相手は強行を図った。

視察団の中に、後に首相となる中曽根康弘《なかそねやすひろ》議員がいたことは、政治の黒い意図を感じさせる。この人物こそ、議員提案によって初の原子力予算を成立させ、わが国に原発を持ちこんだ張本人のひとりだ。国会として、原発建設にお墨付きを与えるという思惑であったのだろう。住民の意思は、徹底的に踏みにじられようとしていた。

長島事件勃発

一九六六年九月一九日の朝、国会議員を乗せた巡視船「もがみ」の出発地である長島町名倉《なぐら》港へ、南島、南勢、長島の漁船団が向かった。

巡視船が港を出ようとしたとき、まずは古和浦の漁船二〇隻が動いた。続く約三五〇隻が「もがみ」を包囲し、次々と漁民たちが乗り込んでいった。巡視船は動くことができず、議員団は視察を断念するしかなかった。漁民たちは、国会の公式調査団を、まさに実力で阻止したのだ。

南島町はその春、すでに「血をもって阻止する」との声明を発表し、漁民船団による実力行使の実施要領を策定していた。「もし、もがみが強行出港していたら、おそらく大惨事に発展していたことだろう」と中林勝男さんは述懐している。

この必死の行動が罪に問われた。一週間後、警察官二〇〇人が南島町に入り、九〇人にのぼる古和浦漁民が取り調べを受け、三〇人が逮捕された。うち二五人が起訴、有罪となったのだ。反対派にとっては大きな犠牲であった。

しかし、この大事件が南島町の強固な反対意思と住民の結束を世に示し、結果的に勝利へつながるきっかけとなった。事件は三重県議会でも議論となり、住民意思を無視する推進勢力を非難し、漁民を擁護する論陣が張られたのである。

翌六七年、決め手を失った田中覚知事は「終止符声明」を発表。原発計画から撤退した。後年、「第一回戦」と呼ばれることになる四年間に及ぶ大闘争は、漁民の勝利で終結を迎えたのだった。

熊野灘漁民が、国会の公式視察団を実力で阻止した長島事件の特質を列挙しておこう。

（1）実力行使による阻止行動であり、成功した戦いであった。
（2）事件化され報道されることで、漁民の本気が世間に届いた。
（3）三町の漁民が現場にいたが、南島町古和浦漁協組合員だけが有罪となった。
（4）組合長は誰一人捕まらなかったため、町の反原発体制は揺るがなかった。
（5）この行動と漁民逮捕が、第一回戦の勝利のきっかけとなった。
（6）わが国原発推進政策の張本人中曽根康弘と、一計画地の住民たちが直接対峙《たいじ》した。
（7）起訴有罪となった事案には明白な冤罪《えんざい》があった。

1994年12月7日、原発反対を訴える南島町民2800人が
お城西公園に集まり、津市内をデモ行進した。

1966年9月19日、長島事件。国会議員を乗せた巡視船を包囲する南島漁民。
東芳平さん撮影／北村博司著「原発を止めた町」（現代書館）より。

1964年7月24日、原発反対の海上デモに向かう南島の漁船と取材ヘリ。

この阻止行動は、実は各漁協間の事前の申し合わせにはなかった。

南島町の東端にある阿曽浦の漁師・湊川《みなとがわ》若夫さん(38)は、「もがみ」阻止の現場を見ていない。湊川さんは、第二回戦(1984〜2000)時に、阿曽浦漁協組合長かつ南島町漁業協同組合協議会(七協)会長として、闘争リーダーの一人となった人だ。

長島事件当日の朝、湊川さんは芦浜から一番遠い阿曽浦の一組合員として、集合場所である芦浜沖に向かった。しかし、そこにいるはずの船団がいないので、長島へと舳先を向けた。そこで、阻止行動を終え、引き返してくる船団を出迎える形になったという。

もともと南島町および南勢町船団による行動計画は、全体が芦浜沖に集結して国会調査団を待つはずであった。あくまで抗議行動であり、実力阻止は計画になかった。長島まで行ったのは古和浦船団の独自行動だった。それに気づいた他漁協の船団が後を追ったため、最も遠くからの阿曽浦船団が、さらに遅れるかたちとなったのだ。

闘争組織としての取り決めはあくまでも抗議のみだが、現場の人びとが自発的に実力阻止を敢行するという場面は、長い闘争史の終盤、一九九〇年代にも繰り返される。

古和浦二五人衆

長島事件で起訴・有罪となった二五人は「古和浦二五人衆」と呼ばれた。罪状は公務執行妨害と艦船侵入だ。

二五人衆の一人、南元夫さん（41）は、巡視船「もがみ」には乗り込んでいない。なにしろ自船に古和浦漁協の磯崎庄之助組合長を乗せ、自ら舵を握っていたのだから。もう一人同乗していた専務理事の中林勝男さんは、居並ぶ漁船を飛び渡り「もがみ」に乗り込んでいったが、南さんにその自由はなかった。当然、保安庁職員や国会議員とは接触していない。しかし、同じ罪状で有罪に。どうしてそんなことになるのか。

取り調べを受ける途中でわかったという。警察も検察も、事実などどうでもよかったのだ。筋書きありきで、漁民は司直が割り当てた配役として証言させられただけ。事実を言えば、言下に否定される。漁民たちは、身に覚えのない自身の行動を取り調べ官から教えられ、それを認めるよう強要されたのだ。

漁協の組合員は、漁業形態別にいくつかの組に分かれており、南さんは一つの組のリーダーだった。ために、「リーダーの一人であるお前が認めなければ、下の者に罪がまわってゆく。それでは可哀想じゃないか」と脅された。ほかの拘留者たちも、根負けして次々とでっちあげの調書を認めてしまったという。

事件中の有名な二つの「言い伝え」について、南さんに尋ねたことがある。調査団の中に中電社員を認め、「こんな不公平な視察があるか」と怒鳴ったという西脇《にしわき》八郎さんのこと。これがきっかけで「阻止行動」が始まったと言われる。さらには、巡視船の錨を落として停船させてしまった〝功労者〟とされている磯崎正人《いそざきまさと》さんのことだ。

筆者「最初、西脇八郎さんが『中電が（巡視船に）乗っとる』と言ったそうですね」

南「それを言うたんがな。いっぺんにダーっと（もがみに）向こてったらしいわ。知らんのやんな、わしは。後から聞いたんさ。わしはずーっと離れて居《お》ったんやで」

筆者「巡視船の錨を落としたのは…」

南「まあと（正人）やさ」

ここで名前の出た古和浦の男たち。南元夫、中林勝男、西脇八郎、磯崎正人。全員が二五人衆のメンバーで、皆すでに鬼籍に入った。

中林さんが、拘置所から漁協事務所に帰り着いたときのことを『海戦記』に極めて簡潔に記している。

「突然一人の婦人が、人前かまわず私にしがみついて、『ご苦労さんでした』と涙ぐんでいる。言葉はない。胸になにかが突き上げてくる」

芦浜闘争史を、比類なき二巻に著した地元のジャーナリスト北村博司さんは、「出所した彼らはいずれも、古和浦に帰ると神様のように迎えられた」と伝えている（『芦浜原発はいま』

『原発を止めた町』共に現代書館）。

だが、海の平和は長くは続かなかった。八〇年代、再び原発計画が彼の地へ襲いかかる。南島漁民は「闘争第二回戦」を余儀なくされるのである。

二、原発の本質を見抜いた漁民

我々は「長島事件」において南島町漁民の勇気を見た。庶民が、莫大な金力権力を独占する者たちと戦うには、知恵と勇気で立ち向かうしかない。

では、漁民はどのように知恵を絞ったのだろう。

熊野灘漁民、東大へ行く

熊野灘への原発計画が発表された一九六三年、国内で動いている実用原発はまだ一基もなかった。日本は原子力の黎明期にあったのだ。五四年、国策として原発開発に踏み出し、六〇年、茨城県東海村で初めて原発建設に着工。この東海原発が運転を開始するのは六六年のことである。六三年と言えば、かろうじて試験用原子炉での発電に成功したばかりという時期だった。

ちなみに、芦浜闘争第一回戦が終わる六七年までに着工された原発は、日本原子力発電の敦賀《つるが》、関西電力の美浜《みはま》、東京電力の福島第一、それぞれの第一号機。三基とも運転を始めるのは七〇年代に入ってからである。

芦浜原発の計画発表を受けて、地元漁協と三重県漁業協同組合連合会は調査・勉強に動く。科学技術の内容と水産業への影響を知るため、まずは専門家を探すことにした。

「日本で一番偉い学者なら、あそこに集まっとるやろと東大へ行ってな」

冗談めかした話が伝わるが、実際に漁民たちは東京大学を訪れている。原発に関する県主催の「懇談会」には専門家が出席していた。南島漁民らは、そこで東大の檜山《ひやま》義夫教授に注目し、直接会うことにしたのだ。六四年初めのことである。原子力発電は、バラ色の未来を約束する夢のエネルギーと喧伝されていた。

「放射能は恐ろしいものだ」

「錦（紀勢町）の大敷網《おおしきあみ》（定置網）はまずダメだと思わねばならん」

「海草類は放射能を蓄積し濃縮する」

「原子炉で燃えたあとの放射性廃棄物の処理方法はまだ確立されていない」

「漁場の一つや二つは潰す覚悟が必要だろう」

檜山教授は、原子力への期待とともに、その欠点についても率直に語ってくれた。

漁師たちが重く見たのは、当然短所の方だ。海や魚たちに悪さする欠点があれば、それは致命的というほかない。世論調査では原発反対が二～三％の時代であったが、熊野灘の漁師たちにすれば、そんな数字など知ったことではなかった。

安全なら都会へもっていけ

漁民は原発の問題点を整理すると、建設反対の理由を確定した。南島町で最初の反対決議を上げた古和浦漁協の決議理由を見ていただこう。

一、原子力発電所は未だ実験段階ともいわれ、未解明な点も多い。万一を考えて辺地を選んだと思われる。

二、放射能による海の汚染、大量の冷却水による水産資源への影響が考えられる。

三、放射能による人体への影響も考えられる。また魚に蓄積されるようである。

四、廃棄物の処理は完全ではなく、問題は多いようである。

五、全国的にも有名な熊野灘漁場を犠牲にしてまで建設さす必要はない。

昭和三九年（1964）二月二三日

あなたは驚かれないだろうか。これは、半世紀以上も前の文書なのだ。

「万一」とはもちろん事故のこと。四七年後、福島第一原子力発電所の放射能放出事故によって、初めて原発の恐怖を意識した日本人は少なくないだろう。原発が海を汚染することも。この決議文は、すでに温廃水による漁場破壊に言及しているばかりか、放射性物質の生物濃縮を指摘し、今なお解決策のない核廃棄物処分問題まで把握している。

さらに重要な指摘は、より少ない人間が暮らす「辺地」を選ぶ立地側の姿勢だ。辺地に住む人たちの命は、都会人よりも軽いのかと。ここに、差別としての原発の本質がある。大東京の電気のために犠牲となった福島県の現実が、それを如実に語っている。

南島町方座浦の入り口にあった看板を思い出す。

「原発が安全なら都会へもっていけ」

ぼくはこれを超える原発拒否の論理に出会ったことがない。

南島漁民の言魂

南島町は、漁協と町議会の反対意思を、知事・県議会・中部電力に丹念に伝え続けたが、推進者たちはことごとく無視した。残された道は実力阻止しかなかった。

誤解されては困るが、漁民はいきなり問答無用の実力行使に走ったわけではない。基本はあくまで言論による戦いだった。残された文書群を見れば、情理を尽くして訴えた当時

1986年10月18日、チェルノブイリ原発事故をうけ、女性たちはデモ行進ののち役場に詰めかけて町長に要望書を手渡した。筆者撮影

1985年6月9日、南島町7漁協、漁民2000人が参加した決起集会。南島町村山にて。

1964年3月頃の活気にあふれる方座浦魚市場。屋根の軒下には「原発反対」のスローガンが。

の人びとの行いが想起されるはずだ。

ぼくが初めて聞いた南島漁民による演説は、第二回戦最初の集会時だった。世代的には第一回戦を戦った漁民が演壇に立ったが、名演説に驚かされた。記録を残しておくべきだったと悔やまれる。

第一回戦については、海の博物館（鳥羽市）が資料を残している。

「…父や母も夫も私も、そして兄弟たちも、家を上げてこの戦いに参加しました。誰も彼もが全身に怒りと憤りの炎を燃やしながら…。私達は信じました。知事の言葉、副知事の約束。その結果は無残に破り捨てられたのです。彼らの欺瞞《ぎまん》と術策《じゅっさく》だったのです。彼らは権力を楯に、金力を矢弾として、恫喝《どうかつ》と愚弄《ぐろう》をたくましうし、私達を無知頑迷《がんめい》の徒とあざけり笑うのです。…私たちの怒りは遂に爆発しました。もはや誰にも欺《あざむ》かれません。そして紳士の仮面を被った彼等を、もはや許すことは出来ないのです。

敢然《かんぜん》として立ち上がる時は来ました。私たちの生活を守るために、夫や子供を守るために、私達の家族が生きていくために、そして欺瞞の民主主義と闘うためにも、残された途《みち》はただ一つ、男達の実力行使あるのみです。自らの力を信じあい、さらに固く固くスクラムを組んで進みましょう…」

一九六五年五月三〇日、住民大会での漁協婦人部代表の言葉である。ぼくの驚きと感動が伝わるだろうか。

演説中、「知事の言葉、副知事の約束」との文言が登場し、「欺瞞と術策」と断じている。

これは六四年四月一三日の、田中知事による「地元の住民を不安に陥れるようなことがあれば、絶対に原子力発電所は建設しない」との回答。そして八月一三日の高谷副知事による「(南島町七漁協が)納得しない限り〔中略〕精密調査をさせず、〔中略〕建設許可申請を出すことはありえないことを言明する」との「覚書」を指す。これらの約束は翌六五年三月、突然の原発調査費四五〇万円の県予算計上と、「原発立地調査を行う」との知事の県議会発言によって一方的に反故《ほご》にされた。

南島町民の怒りは深く、徹底抗戦の決意は固い。方座浦漁協の平賀久郎《ひさお》組合長が、大会決議文を読み上げた。おそらく本人の筆によるものであろう。

「悠久の自然の姿で父祖伝来の漁村を守り育み漁民と共にある海、その地元の漁場は、いま原子力平和利用の波に洗われている。一年有半《ゆうはん》にわたる町ぐるみの反対闘争は、ときに地元民の意思を尊重するとの県当局の約束をとりつけたものの、それらは県当局の手により一方的に破棄され、沿岸漁村百年の大計《たいけい》は無残にも破壊されようとしている。

よって我々は町民一致結束不退転の決意をもって原発建設並びにこれにかかる調査に実力で立ち向かうことを誓う」

漁民が言の葉にも心血を注いだ様が浮かび上がる。言霊《ことだま》は言魂とも書く。言葉に込める魂があってこそだろう。「名演説」や遺《のこ》された文書から感じるのは、南島人の傑出した教養であり賢さだ。ここは一体どういう町なのか。

熊野灘沿岸といえば、陸路中心の視点からは「僻遠《へきえん》の地」だ。「遅れた」地と見なす者もあろう。本当にそうだろうか。文化文明が交易ルートを通じて到来するならば、江戸時代の南島は決して「遅れて」などいなかった。

江戸の豪商・河村瑞賢《ずいけん》によって開発された商業海路「東廻り航路」「西廻り航路」の図を、歴史の教科書で見た記憶をもつ読者もおられるだろう。

ある古地図では、南島町方座浦が伊勢《いせ》国《のくに》唯一の寄港地になっている。往時、文物は方座浦を通して伝達されたのだ。伊勢国南部では、南島こそ江戸や大坂に最も「近い」地であったといえる。海運の拠点として賑《にぎ》わう往時の南島が目に浮かぶ。

町民なら誰でも知ることだが、河村瑞賢は南島町東宮の出身である。

知恵とは騙されないこと

言論で戦う南島の人びとは、専門家相手の科学論争にも怯むことはなかった。

一九六六年正月、有識者（東海区水産研究所、国立真珠研究所、東京大学農学部、同大水産研究所、放射線医学総合研究所、三重県立大学水産学部の研究者・学者〈18人〉を委員とする三重県熊野灘沿岸工業開発調査委員会漁業関係専門部会）を集めた県の調査委員会から中間報告が発表された。環境と漁業への、原発の影響を調査したものだ。

これに対し、原対協（南島町原発反対対策協議会＝町・議会・漁協による町ぐるみ闘争組織）と南島町・南勢町の漁協協議会は連名で、「中間報告に反論する」とした声明を発表した。

「権力の及ばない、金銭のからまない、純粋な科学者の言は万人の斉《ひと》しく認めるところである。委員会を主宰するのは副知事であり、県関係の学者の現在おかれている立場より、結論を建設に有利に方向づけすることが察知される」

委員会の枠組みそのものを批判したのである。原発再稼働に奉仕する原子力規制委員会など、行政機関のお手盛りぶりは、今も同じだ。

報告本体への批判も鋭い。

○南島沖海域の資料は皆無、最重要海域を無視した机上での報告書に全く価値はない。

○定着性水産動植物の影響は大きいが何もふれていない。被害が大きいこと、至難《しなん》な点で避けたものであろう。

○真珠貝は夏季水温三〇度を超えると危険状態になる。温排水の水温が加われば致命的被害を受ける。

読み返しながら、「知恵とは騙《だま》されないこと」なのだと強く感じる。

結びは、漁民の誇りに満ちた一種の宣言となる。

「…調査と現実に大きな隔たりがあることは、現地業者が明言しており、科学者の意見は総てが正しいとはいい難く、父祖伝来の漁民の魚に対する知識は、科学的に実証されない点はあるとしても、決して軽視すべきではない。

科学は科学者にまかせておけと言うならば、魚のことは漁師にまかせてほしいといわなければならない」

三、反原発闘争は第二回戦へ

少しは「私的回想録」らしいことも書いてみよう。

芦浜闘争の第二回戦は、原発建設計画が再開された一九八四年に始まる。翌年には地元住民の反対闘争が一挙に燃え上がった。実はその二年前に、南島町外の市民たちが「闘争」に起ち上がっていたことを、あなたにも知っておいていただきたい。

反原発への入り口は

ぼくは一九七八年に大学を卒業すると伊勢に帰り、英語の教師として県立南勢高校に赴任した。南島町の隣町にある学校へ通いながら、地元の漁師たちが反原発闘争に参加していたことなど、当時は知る由もなかった。原発を意識したことさえなかったのだ。

そんなぼくが、いつから原発はダメだと考えるようになったのだろう。最初に原発に疑問を持った瞬間を、まったく覚えていない。八一年、二七歳のときにはもう反原発だったという断片的な記憶しかない。

いくつかの契機はあった。八〇年に広島で開かれた原水爆禁止世界大会へ教職員組合から参加したとき、いくつもの分科会のなかで反原発を選んだ。その理由は今でも分からない。分科会の案内チラシ（一種異様な黒っぽいビジュアル）を見たときに、自分を惹きつける「匂い」を嗅いだとでも言おうか。

分科会の内容で鮮明に覚えているのは、原発が「すでにスイッチが押された核」だという認識だ。核ミサイルは、発射スイッチが押されてから世界を破壊する。原発は、すでに核分裂のスイッチが押されて日々死の灰を作り出し、「潜在的な死」を生み出しているのだと知った。

国内ではすでに二〇基の原子炉が稼働している。一方で、石川県能登（志賀《しか》）、福島県浪江《なみえ》・小高《おだか》、宮城県女川《おながわ》、三重県熊野、愛媛県伊方《いかた》、山口県豊北《ほうほく》、同県上関《かみのせき》、和歌山県古座、同県日高、新潟県巻《まき》など、日本中で原発拒否闘争が起こっている現実も教えられた。

八〇年は、ぼくが初めて南島町に足を踏み入れた年でもある。婚約者の実家が同町方座浦だった縁で、居住地の伊勢から足を運ぶようになった。若い漁民が多く、浜の活気が眩しかったのを覚えている。

そしてぼくは、漁師たちに受け継がれた反原発魂に触れてゆくことになる。

「原発いらない」三重県民の会

やがて、思いを行動に移すときが来た。これもまた、ご縁というほかはない。八三年、叔父の石原義剛《よしかた》（海の博物館館長）に誘われて、県内の原発建設に反対する市民団体の結成準備に参加したのだ。「『原発いらない』三重県民の会」である。結成は同年七月だが、準備会議のようなものが半年ほど前から始められていた。

石原館長に誘われて、ぼくは津での会議に通うようになった。結成後に事務局長的役割を担う坂下晴彦さんと出会ったのもそこでである。

坂下さんは県庁を辞め、個人で写植（印刷用の写真植字）屋さんをやっていた。とにかく博識で、地球環境から国際社会に至るまで、さまざまな分野に通じていたし、考えていた。市井の哲学者か思想家さながら、さまざまなテーマに関して明確な見解を持っていて、県行政や中電への抗議行動、要請行動を計画すると、たちどころに目配りの効いた鋭利な文章を書き上げた。ミニコミに寄せる記事は、そのまま総合雑誌に載せられそうなクオリティであった。

初対面のときからなんとなく親しみを感じ、ぼくには珍しいことだが、坂下さんの自宅へ遊びに行くまでになった。彼もなぜか面白がってくれて、いろいろな話をした。

「政治・行政・企業の支配構造に依る原発推進はファシズムそのものですけど、伝統的な地域社会での反原発運動内にも、反原発以外の選択を許さないファシズムが潜んでいるかもしれませんねえ」などとぼくがおバカなことを言うと、「柴原さん、あんた出世できんわ」とまぜっ返すのであった。

資料を当たれば、坂下さんの文章がいっぱい見つかるが、ここでは記憶の中の坂下さんの痛快な口吻《こうふん》を再現するにとどめよう。

〔坂下晴彦語録〕

○「地域エゴ」は正しい。

○手弁当で、身銭《みぜに》を切ってやるのが市民運動です。

○地球の放射能の減衰によって生物が存在できた。ウランを掘り返し、核分裂によって放射能を生産するのは、地球の回転を逆回しするのと同じ。

○食品放射能は測《はか》ったらだめ。チェルノブイリからの汚染を知ろうと食品の放射能を測れば、結果的に格差や差別に乗じて弱い立場の国や人びとに汚染食品を押し付けることとなる。それは産湯《うぶゆ》とともに赤子《あかご》を流すがごとき行為。

○四日市反公害闘争がめざすのは、裁判の勝利ではなく、コンビナートの破壊であるべき。
○漁協支援のために億円単位の預貯金を市民から集めるのは、相手のカネの論理に乗ってしまうこと。しかも兆円規模の相手。焼け石に水です。
○電気を金儲けの種にするから原発に手を染める。電気を商品の位置から引きずり下ろして、日本の水のように公共財とすべき。
○政府のエネルギー政策や原子力政策くらい、一対一対応ですべてに反論・対案を示せる。
○柴原さん、南島原対協は労農ソビエトですね。

ルーツは四日市公害との戦い

第二回戦を知事の側から仕掛けられたのは八四年だが、県民の会（「いらない会」）は前年に結成されている。南島町が猛烈な反対を始めたのが八五年だったから、当時ぼくは、二年も前に市民団体を立ち上げた先輩たちの先見の明に感心した。

県民の会が作られた背景には、四日市公害の戦いの歴史があると思っている。坂下さんは、一九七一年に発足した「四日市公害と戦う市民兵の会」の創立メンバーでもある。「市民兵」は、反公害ミニコミ誌「公害トマレ」全一〇〇号を七九年まで発行し続けた。石原館長も反公害闘争に関わっていたはずだ。

市民兵の中心人物であった伊藤三男《みつお》さんとも初対面だった。彼もまた「『原発いらない』三重県民の会」創立メンバーで、現在は四日市再生「公害市民塾」を運営されている。

県民の会結成集会では、高木仁三郎《じんざぶろう》さんに記念講演をお願いした。当時の資料に記された肩書きは「原子力資料情報室世話人」。正確を期すため、現在同室共同代表の西尾漠《ばく》さんに確認すると、実際は「運営委員」だったそうだ。高木さんは、情報室を立ち上げる前に東京都立大学助教授の職を辞している。三里塚闘争（成田空港建設反対運動）にも関わっておられた。闘争支援に成田へ通っていた大学時代の友人からも、「仁《じん》さん」の話を聞いたことがあった。

会を作るには、人を集めねばならない。新聞記事だけを撮って、原発の正体を浮かび上がらせる画期的な記録映画「原発切抜帖」（土木典昭《つちもと》監督）の上映と、高木仁三郎さんの講演。この二つを組んだ結成集会を計画し、チラシなどで参加を呼びかけた。

当日、多くの市民がやってきた。専業主婦、学生、家事手伝い、会社員、公務員、教員、自営業、団体役員…。職種も年齢も実に様々な市民が、ぼくたちの仲間となった。それぞれが、このような会からの呼びかけを待っていたのだ。

紀勢町へビラ全戸配布

「会の活動は、会員の自主的かつ自立的な行動を基礎とし、抗議・交渉・集会・勉強会・情報交換などを行う」

「いらない会」申し合わせ事項の一節だ。ここにあるすべての行動を、ぼくら会員は積み重ねていった。

「など」に入るであろう行動に、月例の紀勢町への全戸ビラ入れがあった。反原発を表明する南島町とは逆に、推進の町（町議会も錦漁協も推進）とされる紀勢町の人びとに、働きかけることにしたのだ。この行動は、八三年から四年間、毎月続けられた。

紀勢町は、第一回戦時の六四年二月に町議会が原発誘致決議を上げていた。六六年八月に錦漁協が中電の現地調査について条件付（周辺漁協の同意）同意を決議し、補償金一億円を受けとっている。そして同年十一月、町と中電は精密調査に関する協定を結んだ。

熊野原発反対闘争を戦った教職員を中心とする自主グループ「反原発『蛍の連帯』」と協力して、多人数のときは全町配布。人数が少ないときは、錦地区へ重点的に配った。仲間たちは県内各地から、遠くは四日市からも、熊野灘の町まで毎月通った。ビラを配りながら町の人びとと会話して分かったのは、実は多くが反対か、推進への疑問を抱いていたこと。

政治と民意のねじれが、この町でも見られた。

ぼくらの行動と主張に共感してくれる町民がいることを知れば、熊野灘への道も遠くはなかった。フルタイムで仕事しながらだったが、やがて生まれてくる我が子の未来を思えば苦にならない。ぼくにとっての反原発は、何より子供の命を守るためだった。

「きのこの会」と風船飛ばし

名古屋から紀勢町に駆けつける市民グループもあった。

一九八四年九月二六日（南島町が反原発に立ち上がる前年）、名古屋の「反原発きのこの会」と一緒に、芦浜前の海と海岸から風船を飛ばした。

放射性物質が風で拡散するのは、実験するまでもなく当たり前。しかし、計画地から風に乗って飛んできた実物（風船）を確認できれば、反原発にとってその意味は大きい。

この日が、ぼくにとって「きのこの会」との初めての出会いだった。ただし、この会については、前年から関心をもっていた。

「いらない会」結成直後のこと。中部電力が原子力推進宣伝の一環として、東海地方のデパートなどの催しでウラン原石を展示したことがあった。

「きのこの会」は、放射線が微弱であっても、何千人もの人が接近すれば集団線量によるリスクが生じるとして、すぐに批判の声をあげた。中電は直ちに展示物を撤収。この経過を新聞で知ったぼくの眼に、「きのこの会」は尊敬すべき先輩団体として映ったのだった。その彼らと、錦の民宿で初めて対面した。

風船飛ばしの当日は、台風の余波で海が荒れていた。海上班と陸上班に別れたが、ぼくは海に出た。チャーターした漁船にヘリウムボンベと風船を積み、数人で出航したものの、うねる波にいっぺんに気持ちが悪くなり、ぼくは船上で吐いてしまった。

ところが「きのこの会」の大沼淳一さん、河田昌東《まさはる》さんは涼しい顔をしている。大沼さんは愛知県環境調査センター、河田さんは名古屋大学理学部の研究者ゆえ、船でフィールドワークに向かうこともしばしば。この程度の揺れは、へっちゃらなのだ。

陸上組は、錦から徒歩で芦浜を目指した。ボンベは重すぎるので、出発前に風船を膨らませ、お祭りのごとく風船を頭上に束ねて山道を辿った。

合図とともに一斉に海と浜から放たれたヘリウム風船は、一気に空へと舞い上がり、芦浜背後の姫越《ひめご》山を越え、さらに奥の山系へと消えていった。

風船には、予め連絡票をつけておいた。当日、ひとつの風船が大内山村《おおうちやま》(現大紀町)で拾われたことがわかった。それ以外の連絡はなかったが、「大内山牛乳」の村に届いただけ

1984年2月19日、「原発いらない」三重県民の会主催の槌田劭氏講演会。伊勢市観光文化会館。

県民の会に関わりのあった人びと。1986年頃、旧海の博物館にあった宿泊施設「あらみ荘」で。

1984年8月26日、芦浜から風船を飛ばす市民。原発事故が起きた場合、どこまで影響が出るかを確かめるべく「反原発きのこの会」(名古屋)や、「原発いらない」三重県民の会が行った。

1985年、「原発いらない」三重県民の会で、紀勢町錦地区へのビラ全戸配布行動。中央が筆者。

でも飛ばした甲斐はあった。のちに「紀州ジャーナル」（地元新聞）発行人兼主筆の北村博司さんが、著書『芦浜原発はいま』（現代書館）に書いてくれた。

「海は一つ、空もひとつ、西風が吹けば南島方面へ、南風なら紀伊長島、大内山方面へ飛ぶのはごく当たり前の話である。この『当たり前のこと』を、芦浜周辺の人びとに思い出させたとすれば、会の実験も所期の目的を達したことになる」

北村さんが「よそ者」のぼくらに向ける視線は、いつも優しかった。

「きのこの会」のメンバーは、後に産直運動に取り組んで紀勢町に仕事を創出し、原発を必要としない暮らしづくりを試みるという現実的な活動を行った。

紀勢町だけでなく、南島町側にも、彼らの活動は及んでいく。地元の畜産業者と提携して、食肉の産直を行うなどしたのだ。そこには、都会の一般的な市民運動とは一味違う、地に足の着いた運動にしたいという意気込みがうかがえた。

ぼくにはまったく真似のできないことで、敬服するばかりであった。

浦々の有志会が連合

南島は、第二回戦の開戦前夜だった。一九六七年に第一回戦が終結したとはいえ、水面下で闘争は続いていた。原発建設用地の芦浜を、中部電力が買い取ったまま手放していなかったからだ。

中電は虎視眈々《こしたんたん》と建設の機会を狙い、住民の懐柔工作を続けていた。南島と紀勢の町民を、原発先進地視察という名目で浜岡原発への接待旅行に連れ出していたことが国会質問で明らかにされたのである。

七八年二月七日の衆院予算委員会において石野久男委員は、「浜岡原発へ招待旅行をさした」中電から通産省への報告書に言及している。

「浜岡原発へ紀勢町から錦地区の人員二三二三人、柏崎地区から九九八人の者が招待旅行をしておるのですね。南島町から六七七一人。これは紀勢町の場合ですと有権者の七一・九%です。南島町の場合でいうと七〇%です。このときのバス代は一台で二一万六〇〇〇円かかっておる。飲食が一人当たり三〇〇〇円です。とにかく延べの費用で約三千万円の金をこれだけで使っておる」と。

七七年までに両町有権者の実に七割が接待を受けていたのだ。

「中電は土地を持っとるんや。必ず攻めてくる」

一回戦の「戦後」から、そう言い続ける町民がいた。古和浦の漁民、磯崎正人さんもその一人だ。地域の子供らが磯崎さんを見かけると、「あ、ゲンハツ（原発）のおじやんが来た」

とはやし立てたそうだ。

方座浦には、六〇年代から青年漁民らによる「決死隊」があったが、第一回戦終了後は物騒な名称を避けて「有志会」と名乗り、組織を維持していた。役員を決め、会費を集め、原発視察などの勉強を続けていた。

八一年の正月だったか、漁師との雑談の中で一人が、「俺、今年はゲンハツの会計や」と言った。俄《にわか》には意味が分からなかったが、有志会の会計係のことであった。その頃から、東《あずま》一弘さんが会長だった。

第二回戦が始まるとき、東さんは、町内各地に有志会の結成を呼びかけた。人づてに有望の人を探しては声をかけたのだ。方座に続いて古和、神前、贄、阿曽と浦々に有志会が生まれ、連合して南島有志会を名乗るようになる。磯崎さんも誘われ、やがて古和浦有志会の代表となった。

「南島有志会の歴史は、正人と一弘がパチンコ屋で会《お》うたときから始まる」というのが、闘争史の愉快な伝説である。

県の一方的な宣戦布告

八四年、田川亮三知事は三千万円の原発関連予算を計上する。これは、南島町の意向を確認しない、一方的な「宣戦布告」であった。

「芦浜勉強会参加へ　反対七漁協、県に同意」「芦浜原発に柔軟姿勢」翌年二月九日の新聞各紙に、衝撃的な見出しが躍った。

実はその一週間前、県漁協連合会長が、南島の七漁協幹部六〇名を津へ呼び出していた。そこには田川知事が出席しており、「原発の勉強を一緒にやろう」と呼びかけられた。町側は同意などしていない。だが、七漁協として意見を強く主張することもなかったという。

事実だとすれば、これほど重要な事件が、なぜ一週間も経ってから記事になるのか。仕組まれたとしか考えられなかった。

このやり口、謀略的手法、いやそもそも漁民にこんな仕打ちをやれてしまう県行政の姿が、ぼくの中に像を結び始めた。そこには、地域住民への敬意など少しもうかがえなかった。

県漁連・漁協の姿勢も疑問だ。第一回戦では、漁連の協力のもと町内七漁協が結束し、「七人の侍」と呼ばれた組合長の強力なリーダーシップで戦ったはずだ。

歳月が変えたものがある。漁民の私的グループ有志会は、生まれるべくして生まれた。

わしらの町は戦える

各漁協の総会では役員側が知事の意向を説明したが、組合員の反発を呼び、批判が相次いだ。

「わしらは、原発反対なんや。反対のものに勉強は必要ない」

町内七漁協のうち、六漁協で原発反対決議が再確認された。原発に前向きと思われる役員を辞めさせた組合もあった。南島有志会の中核を担うことになる、闘争「第二世代」漁民の頑張りであった。

推進側の攻勢は続く。五月末、中部電力が町長に協力要請にくるとの情報が入った。この時点で有志会があったのは方座浦と古和浦だけ。互いに連絡を取り合い、他地区の知人にも危急を伝えた。六月一日の朝、役場前の駐車場に駆けつけた漁民や女性たちは五〇〇人にふくれあがった。

「中電に会うな」

「原発反対をはっきり表明しろ」

登庁してきた町長に群衆が詰め寄り、怒声が飛んだ。

その日、中電はついに南島町に入れなかった。

この行動は、漁協が組織したのではない。有志会が情報を伝え、結集を呼びかけた。これに応えた漁民や女性たちが、自主的に集まったのだ。

「やれる。わしらの町は、戦える」

東一弘さんら有志会漁民は、確かな手応えを感じていた。

この日から、二〇年前と同じように、闘争は瞬く間に全町へと広がっていった。

誰かが声を上げる。それは待たれていた声だ。声に応える声が上がる。

誰かが歩き出す。それは待たれていた歩みだ。人びとが歩き始める。

闘争とは、声を上げるということだ。

闘争とは、応える人がいるということだ。

闘争とは、信頼だ。

闘争を、讃えよう。

四、女性たちが起ち上がった

あなたは、阻止という言葉を口にしたことがあるだろうか。

南島町方座浦の女性から、闘争当時の話を聴いていたとき、彼女がこう言った。

「(原発は)絶対阻止せなあかんて思たよ」

「ソシ」の音にハッとした。書き言葉としては見馴れていても、南島以外ではめったに耳にしない言葉だと気づいたのだ。

「原発絶対反対」「芦浜死守」「血をもって阻止する」

これら激しい言葉を使わねばならなかった現地住民の怒りは、どこからきたのか。

真意を隠す政治の言葉

地元を苛《さいな》む状況をつくったのは、誰よりも田川亮三知事(1972~95年在任)だったと言えよう。関連予算を計上し、着々と原発を進めながら、常に公正中立な姿勢を装った。

その「装い」のひとつに、発電所の建設に関わる方針表明がある。

電源開発四原則三条件（三重県方針）

四原則

（1）地域住民の福祉の向上に役立つこと

（2）環境との調和が図られること

（3）地域住民の同意と協力が得られること

（4）原子力発電所においては安全性の確保

三条件

（1）立地の初期の段階から国が一貫して責任を持つ体制の整備

（2）安全の確保のため、国、自治体、事業者の責任の明確化

（3）漁業と共存できる体制の究明と産業指導体制の強化

これらこそ、真意を隠す政治の言葉だ。四原則の（3）がその最たるもので、もし「同意と協力が得られなければ、原発は建てないという意味ですね」と受け取る人がいたら、あまりにお人好しと言わねばなるまい。ぼくに言わせれば、これは次のような理屈で成り立っている。

「住民の同意が大原則ですから、住民が反対なら県としては作れません。だから住民が結論を出すために勉強もしましょう。調査もしましょう。県当局はあくまで中立の立場です」

このようにして「勉強」や「調査」が、中立の顔をして地元に押しつけられる。

ここには、「いつまでに同意が得られなければ、知事は引き下がるのか」のルールはない。ならば後に続くのは、行政の恣意《しい》と無理強いだ。

その後に三重県で起きたことを、ぼくは絶対に忘れない。住民がどれほど「不同意」を示しても、県は中部電力とともに同意を強要し続けたのである。

まさに現在の、政府による沖縄への暴挙と選ぶところがない。

女性たちが起ち上がった

芦浜原発阻止の戦いは、第二回戦も前回に劣らぬ大闘争となった。

八五年、町内七漁協の合同組織（漁協連絡協議会〈通称「七協」〉）は、反対決議を再確認し、知事提案による「原発勉強会」の拒否を決議。文書として県に提出した。七協役員会は「実力阻止」も申し合わせた。

若手漁民グループ「有志会」の呼びかけで、町民五〇〇人が町長に抗議し、中電からの町への協力要請を阻止。七協主催の漁民二〇〇〇人による「芦浜原発反対決起集会」が開かれ、抗議の決議文が県に手渡された。この後も地元の意思は、常に文書によって県当局・中部電力に届けられることになる。

戦い方は第一回戦と変わらない。漁協と町議会の反対決議。反対集会、デモ行進と続く。さらには、漁船団による海上デモ。中電・知事・県議会への抗議行動。抗議文書・要請文書の提出。南島町民は、再びこれらを粘り強く繰り返すことになる。

それは、生活と生業《なりわい》を賭けた過酷な日々であった。

「有志会」に続いて、女性たちが起ち上がった。方座浦の女性たちが、熊野市遊木《ゆき》町と新鹿《あたしか》町の女性たちを南島に招いて交流した。彼の地での反対闘争に学ぶためだ。第一回戦で一敗地にまみれた中電は七一年、熊野市井内《いち》浦へ原発構想を持ち込んでいた。現地の抵抗によって八七年に構想のまま消えた「熊野原発」である。

交流会の二日後には「方座浦郷土を守る母の会」が旗上げされ、続いて「古和浦郷土を守る有志の和」が生まれた。

この年、ぼくは伊勢市から南島町に一家で引っ越すことを決め、南島高校への転勤を願い出た。現地住民と共に在りたい。戦う人びとに学ぼう。何か手伝うことが許されたら嬉しい。そう考えたからだ。年を越せば二番目の子供が生まれ、方座浦の義父母には、近所

1985年7月12日、海上デモに参加する船団を見送る女性たち。看板や垂れ幕はすべて自分たちで作成し、士気を上げるためTシャツなども揃えた。方座浦にて。

1986年10月18日。女性たちはデモ行進ののち、役場に詰めかけた。村山にて。

1986年6月21日、4地区有志会が共催した、小出裕章・京都大学原子炉実験所助手の講演会「チェルノブイリと芦浜」を熱心に聞き入る南島町民。

に孫が増えることになる。それもいいではないかと。

調査をやらせたら負け

南島町民が繰り返し表明する強い反対意思を、なぜ国や県行政が無視できるのだろうか。そこには、特権者の倫理的退廃とともに、原発建設の法的問題が存在した。

中部電力が原発建設に至るには「海洋調査許可」と「建設計画許可」が下りねばならない。その許可には、計画地に漁業権のある漁協と県知事の同意が必要なのだ。

逆に言えば、原発計画に対して拒否権をもつのは、古和浦漁協の正組合員と知事の二者だけということになる。他の漁協にも、南島町民や町長にも、実は何の権限もない。

古和浦が同意するだけで調査が実行されてしまう。しかも、調査するのは中電。己《おのれ》に不都合な結果を出すはずがない。

日本の原発開発史において、用地を買収され、海洋調査が実施されて、原発が造られなかった場所は一つもない。調査をすれば、必ず建てられてきたのだ（山口県の中国電力上関原発計画地では、祝島《いわいしま》島民が調査終了後も工事の進行を阻止し続け、歴史を変えようとしている）。

「海洋調査をやらせたら負ける」

「調査と建設は一体や」

南島町民は、そのからくりを知っていた。

三重県議会も味方ではなかった。八五年六月末、南島の抗議を尻目に芦浜原発の立地調査推進決議を強行可決したのだ。社会党を除く自民、公明、民社の議員、および三重県教職員組合の推薦を受けた無所属議員団の仕業であった。

ここでも「ただちに建設という決議ではない」との「政治の言葉」が使われた。決議を根拠として、県は現地での「推進工作」を強化することになる（第六章）。決議に際し、事前に県議会と地元との話し合いなどは一切なかった。住民意思を一顧だにしない者たちに、町民の怒りが爆発する。

七月、南島町の全七漁協（七協）は一五〇〇〇人が参加する海上デモを実施。大漁旗をなびかせた五〇〇隻の漁船団の長さは一〇kmに及んだ。女性たちは「原発反対」と赤文字で染めた揃いのTシャツを着て、横断幕を掲げて船団を送り出した。

七協と町議会が「原発反対対策協議会（原対協）」を結成し、役場に事務局が置かれ、町も闘争資金を拠出した。この異例の組織が、町ぐるみの闘争姿勢を象徴していた。

第一回戦のとき、漁民は闘争開始から半年で「実力阻止」を決議し、のちに「血をもって阻止する」と宣言した。

闘争第二世代のリーダーである東一弘・方座浦有志会代表は、先輩漁師たちの言葉をしっかりと胸に刻んでいた。有志会の登場が八五年二月の漁協総会時期とすれば、半年後の海上デモの日、東さんはメディアの取材にこう答えている。

「我々は、血をもって阻止するという覚悟でおります」

食糧生産をになう第一次産業労働者を、かくも激しい言葉で反抗せざるを得ないまでに追い詰める国家とはなにか。

チェルノブイリの衝撃

時は、翌八六年へと移る。我が家が南島で暮らし始めた年だ。新しい職場、南島高校で新学期が始まった直後、世界を揺るがすニュースが放たれる。

四月二六日、ソヴィエト社会主義共和国連邦のウクライナ共和国で、史上最大最悪のチェルノブイリ原発事故が発生。広島原爆に換算して約八〇〇発分の放射性物質が放出され、地球を汚染したのだ。

事故から約二カ月が経った六月二一日の夜、役場に近い小学校体育館に町民五〇〇人が集まった。各地有志会共同主催の学習会が行われたのだ。講師は小出裕章・京都大学原子炉実験所助手。三六歳の科学者はこう語った。

「八〇〇〇km離れた日本にも、チェルノブイリの放射性物質はやってきました。その放射線によって日本でもガンで亡くなる人が、数十年間に数百人ぐらい出てくるでしょう。数百人は、多いのでしょうか、少ないのでしょうか。それぞれが判断することですが、チェルノブイリ原発事故がなければ、死ななくてよい命なのです。たとえ、その時になっても、どの人が放射線で亡くなったかはわかりません。今から誰がガンになるかもわかりません。しかし、それがどんな人たちかはわかります。幼い人たちです」

南島の母たちが決起した最大の理由がここにあった。その時、ぼくの子供は二歳と〇歳。地元の怒りと抵抗、町ぐるみの闘争はさらに激しさを増していった。

五、ぼくの『危険な話』──磯部《いそべ》中学校事件

「弾圧、されちゃいましたね～」

一九八八年秋、鈴鹿の伊藤三男さん（42・「原発いらない」三重県民の会。現在、四日市再生「公害市民塾」）が、ぼくに向かって愉快そうに言った。

同年の夏休み、我が身にある事件が起きた。今振り返ると、その出来事への対処が甘かったという思いはある。これもまた、芦浜闘争に関わった名もなき市民たちを襲った攻撃・弾圧・いやがらせの一例だ。「国策」をめぐる当時の県教育界や行政、政治家の姿を伝える事例ともなろう。

磯部中からの講演依頼

夏の初め、南島町に住み南島高校に勤めていたぼくに、磯部町立（現志摩市立）磯部中学校の教員から電話があった。

同校では人権・平和教育の一環として、例年夏休みに全校登校日を設け、平和集会とい

う形の学習会を行っていた。すでに原爆や核兵器について学んだので、今年は「身近な核」である原子力発電の問題を学ばせたい。そこで、ぼくに講演をしてくれと言うのだ。

「あの、私は原発反対派なんですけど、それでもいいんですか?」

聞き返すと、かまいませんという返事。これには感動した。なんと勇気のある先生たちだろうと。どのような講師を選ぶかは当方の心配することではなく、主催者側の責任である。常識的にはそうなのだが、数ヵ月後、この常識は通らず、当初の感動は色褪《あ》せてしまった。

原発で殺される側にも殺す側にもなりたくない。いつでもどこでも、原発反対と言おう。反原発こそ大義だ。そう自分に言い聞かせながら、反原発派を自称していた。

一人でも多くの人びとに原発の事実を知らせること。それが自らに課した任務であった。そのためにビラを作って配布し、ミニコミの記事を書いてきた。講演依頼は、中学生たちに事実を手渡せる絶好のチャンスだった。

正直「なんで、オレなの?」という思いはあった。そもそも講演などしたことがない。話す内容が概ね決まっている授業は別として、テーブルスピーチも、研究会での発言も、人前での話は下手くそで大の苦手。とはいえ、苦手だからと逃げれば、反原発の大義にもとる。

幸い、ぼくにはロールモデル(お手本)があった。作家の広瀬隆さんだ。八六年に起きたチェルノブイリ原発事故後に出版した『危険な話』(八月書館、1987年)がベストセラーになり、高名を馳せていた。ぼくにとっては、それ以前から注目の人で、すでに八五年に伊勢で講演してもらっていた。

講演スタイルは、OHP(オーバーヘッド・プロジェクター)を使い、透明シートに複写した新聞記事や資料を映しながら(パワーポイントはまだ存在していない)、理論や理屈ではなく、この世で起きている事実を聴衆に手渡すという手法。

電力会社や政府は「原発は事故を起こしません」とまことしやかに説明するが、広瀬さんは「こういう事故の事実があります」と示してくれた。三〇年後の今、フクシマ以降となっては、どちらが真実を語っていたのかは明らかだ。

語り部として、広瀬さんの話を中学生たちに伝えればよい。言葉は書籍化されているし、講演用資料は図版として書中に掲載されている。もし緊張してうまくしゃべれなくなったら、『危険な話』を開いて朗読すればいい。

受け売りの上に朗読なんてことになったら、いかにもカッコ悪いが、ことは人の命がかかっている。なりふり構ってなんかいられない。原発の戦慄《せんりつ》すべき事実を、中学生と先生たちに伝えることこそ肝腎《かんじん》なのだ。そう考えて腹をくくった。

新聞報道が発端

八月九日、数十枚の複写済み透明シートと『危険な話』を車に載せて、磯中へ。

いざ始まってみると、特に焦る場面もなく、なんとか無事に講演を終えられた。平和集会は、翌日の朝日新聞で写真入りの大きな記事になった。

「原発って何？　全校で学ぼう」という見出しで、写真には講演するぼくの姿と、体育館の床に座って話を聞く中学生たちの顔、顔、顔。

この記事が事件の始まりだった。

いきなり校長から呼び出しを受けたぼくは、「政治的中立を欠く」と訓告処分を言い渡されたのだ。主催者の要請に従って話をしたぼくが責任を問われるのはおかしいし、事実を提示しただけなのに。

処分といってもクビになるわけでなし、減給にも謹慎にもならない。どうってことないと放っておいたが、これがまずかった。きちんと撤回を求めて抵抗すべきだったのだ。

九月も半ばになってから、伊勢新聞の一面トップに大見出しのついた記事が出た。

「中立性欠き誤解招く」「県教委、厳しく指導」「講師派遣の南島高も」

記事によると、集会の二日後には中林博県教育長が、作田信《さくだしん》磯部町教育長と作田晃磯部中学校長を呼びつけ、指導したという。「一方的な意見を持つと思われる講師」にしゃべらせたのが不適切だというのだ。

一方的な意見というが、それでは一方的でない、不偏不党、客観中立の〝意見〟があるとでもいうのか。多様な意見の並列はありえても、個々の意見とはそもそも一方的なものだ。そうでなければ、もはや意見ではない。県教委の言う「一方的」とは反対論者、批判者を貶《おとし》めるためのレッテルだ。

肝心なのはそこではない。ぼくは意見を述べたのではなく、争いようのない事実だけを伝えた。事実誤認があれば指摘してもらえばよいが、それはなかった。

「反原発派にしゃべらせるとは、けしからん」という恣意しかうかがえなかった。

集会から一カ月以上を過ぎた「ニュース」であり、地方新聞一紙のスクープであるところが、いかにも情報操作を匂わせた。

記事が出た日、他の新聞数社から取材を受けた。翌日、ぼくがまだ新聞を開く前に、記事を見た四日市の中村博次《ひろつぐ》さん（37・「原発いらない」三重県民の会。90年没）が、電話をくれたのを覚えている。

「おぬしのコメント載っとるぞ。全面展開やな」

当時の記事から引用させていただく。

「これ（県教委の主張）について、講師として磯部中に招かれた南島高校の柴原洋一教諭（34）は『集会といっても、授業であり、内容に県教委が介入してくるのは問題だ。社会問題をとりあげないで教育にどういう意味があるのか』と批判。さらに『原発は命の問題。生きるか死ぬか、に中立はあり得ない。現地の漁民の苦しみを分かっていないからこそ、そんなことが言える。原発について自由な議論をさせたくない人たちの言い分だ』と話している」（朝日新聞 1988年9月14日夕刊）

同趣旨のぼくのコメントが、「原発、教育になじまぬ」（朝日）、「反原発講師招き全校集会」（毎日）、「中学校集会で反原発講演」（読売）といった見出しで各紙に展開された。

〝自称〟から〝公式〟反対派に

当時ぼくは三重県教職員組合員だったが、組合本部の側から県教委に向けた反撃の動きはなかった。

これには組合内部からも、「あれだけの報道があった事件だ。組合も表に出て、同量の記事やニュースになるくらいの対抗措置をとるべきではないか」（宮崎吉博・三教組伊勢支部執行委員長）といった苦言が呈された。

県教委からは、このあと数年間、ぼくに対する異例の転勤強要が続くことになる。八九年は、南島高校から転出を促す「意向打診」の形をとり、九〇年にはついには転出せよという「内示（＝命令）」となった。

「磯部中の教師たちは、注意指導のせいか『何も言えない』と押し黙ったまま」（毎日）。学校現場と組合活動においての自粛や萎縮の話は、ほかにも見聞きした。

ぼくの対応のまずさも含めて、分かったことがある。

権力とは弾圧するものなのだ。それが容認されてしまう要因は、残念ながらかなりの部分、弾圧される側にある。弾圧を呼びこまないためには、最大限に戦うほか道はない。

ぼくは元気をなくしていたわけではない。味方は、伊藤さんや中村さんら「原発いらない会」の仲間だけではなかった。

新聞には、県教委を批判する市民の声も掲載された。

磯部中事件を伝える毎日新聞の記事には、久居市の三好鉄雄牧師（46）の発言があった。「本当に勇気のある素晴しい試みと感心していた。そういう学習があるのはむしろ当然であって、それに文句を言う県教委こそ、まさに〝偏向〟しているのではないか」

中日新聞の読者欄「みんなの広場」には鳥羽市の山下真智さん（27）の投書が。

「県教委の『教育の政治的中立』とはいったい何なのだろう」と書き始めており、ご自分が中高生のころは原子力のことは習っても、核のゴミ・放射能・事故などは教えられなかったと指摘。さらに「子供ができて初めて知ったときは、もう遅いのではと思った。今、社会問題としてほかにもフロンガス、ゴルフ場、農業、合成洗剤等これからの子供たちに知ってほしいことがたくさんある。これらを知ることが『教育の中立性に欠ける』ことになるのだろうか」と結んでいる。

こうした声を読んだときの感謝と感動はいまも忘れない。

伊勢市職員労働組合も、「問題講師」に偏見を持つことなく、仲間として行動してくれた。彼らとは、事件と同じ年に一、一〇〇人超の聴衆を集め、広瀬隆講演会を開催した。小中学校教職員の有志が、ぼくの処分撤回を求める署名を集めていたと後で知った時は、目頭が熱くなった。

「がんばってるじゃないですか。どんどんやりましょう。（記事を指して）こんなのは、要するに〝関係ない〟」と広瀬さんも励ましてくれた。

かくして「自称」原発反対派のぼくは、県教育委員会によって「公式」反対派として広く認知されたわけである。おかげで講師の声がかかり始め、以後十数年、芦浜闘争勝利の日まで、ＯＨＰ用シートの束を持ち歩き「エセ広瀬隆」を続けることとなった。

磯部中学校事件は、権力による弾圧だが、戦いにおいては、必ずこうした権力者たちの

1988年2月13日に行われた広瀬隆氏の講演会後。左から広瀬氏、のちに「三重県に原発いらない県民署名」運動のリーダーとなる大石琢照氏、筆者。

磯部中事件と、筆者の処分に関する1988年の新聞記事。

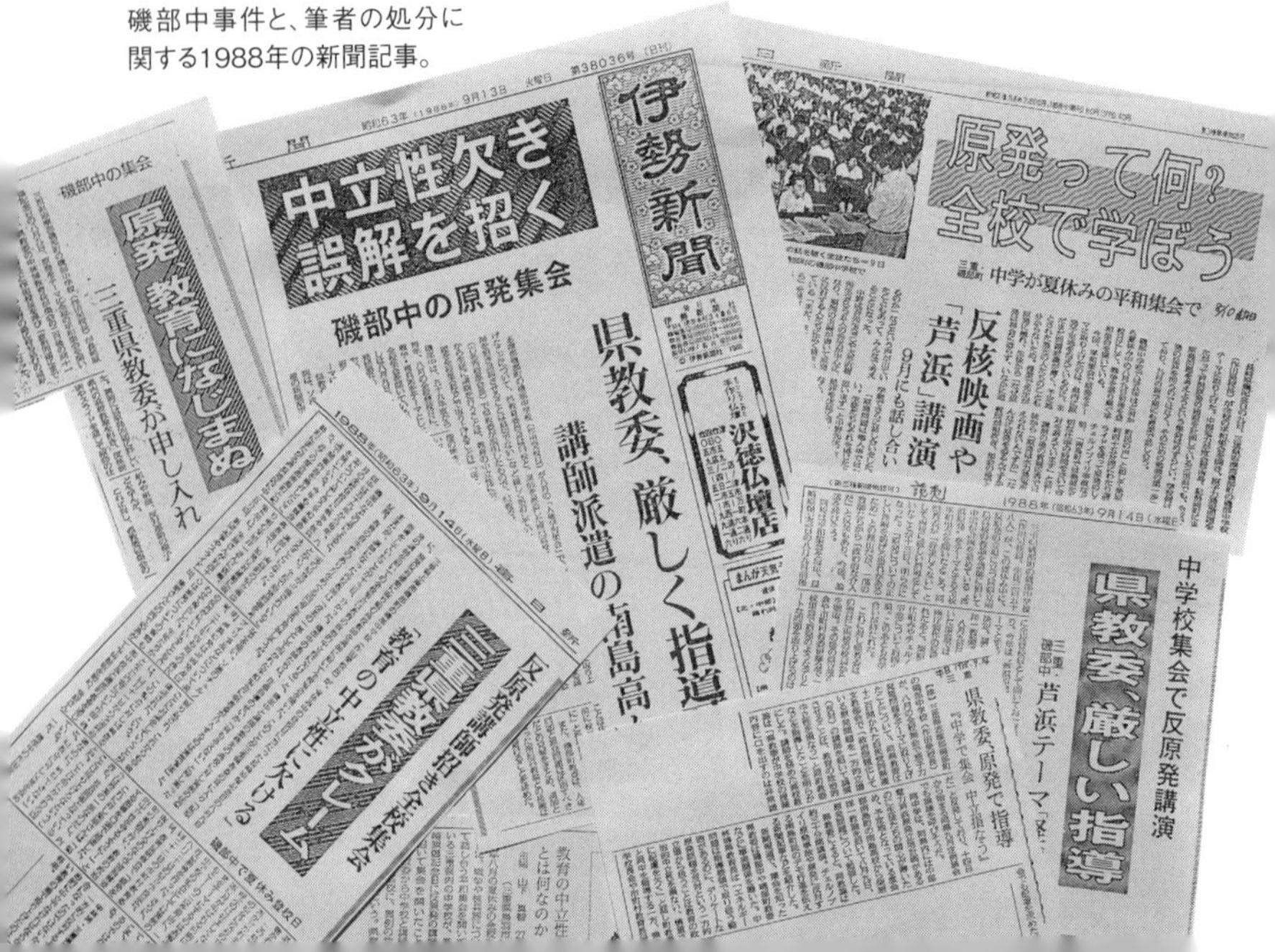

伊勢新聞

中立性欠き誤解を招く

磯部中の原発集会

県教委、厳しく指導

講師派遣の有島高、

原発、教育になじまぬ

三重県教委が申し入れ

原発って何？全校で学ぼう

中学が夏休みの平和集会で

反核映画や「芦浜」講演

9月にも話し合い

中学校集会で反原発講演

県教委、厳しい指導

三重磯部中 芦浜テーマ

県教委、原発で指導

「中学で集会 中立損なう」

三重県教委がクレーム

教育の中立性に欠ける

反原発講師招き全校集会

磯部中で夏休み登校日

教育の中立性とは何なのか

1986年、チェルノブイリ原発事故をうけて開かれた反原発県民集会。教職員組合や自治労などの労働組合や、市民団体でつくる「原発反対三重県共闘会議（現フォーラム平和・三重）」が主催。

1988年8月15日、反核を訴えて広島から幌延まで日本縦走中のネイティブアメリカンが三重に。南島・紀勢町の原発反対派住民が出迎え、交流した。

愚劣な相貌が透けて見える経験をする。ぼくの経験は、この事件に終わらない。
予兆のごとく、余波のごとく、至るところに権力は魔手を伸ばしていた。

火中の栗を拾いに？

時間を遡《さかのぼ》るが、ぼくが南勢高校から南島高校へ転勤したときに起きたことも記しておこう。八六年当時、南島高校は職員の平均年齢が二七歳といわれた「若い職場」で、ほとんどが初任者であった。

ぼくは南勢高校での教職八年目が終わるところで、妥当な異動時期といえた。転勤希望のベクトルは、おおむね人口の少ない土地（田舎）から多い地域（街）へと向く。地元在住者でない限り、ぼくのようにあえて南島高校を希望する教員は他にいなかった。ならば、ぼくを異動させるのは順当である。

ところが、発表された人事異動の内示にぼくの名はなかった。南島高校では、ぼくと同じ経験年数、同じ教科の教員の転出が決まっていたにも関わらず。彼の代わりには新任者が充てられたのだ。この人事は、誰の目にも不自然に映った。

柴原を南島に入れるな、という指令はどこから届いたのか。それはやがて明らかになる。

この事態には、ぼく以上に同僚や教職員組合が怒った。かくも恣意的な、あるいは意図的な県教育委員会の人事政策が、あってよいものかと。

ここで、傑作な場面が出現する。普通、人事をめぐる労使交渉は、当事者である教職員の利益、よりよい労働条件のために行われるもの。それが南島高校という、あえて不便な環境への転勤を希望したのに、当局との交渉が持たれたのだ。

こうした交渉において県教委側は、いったんは自らの人事案の正当性を述べて組合側の要求を突っぱね、後日第二ラウンドに至ることがよくあった。しかし、ぼくのケースでは、同僚や組合役員の追及に、県教委の担当者は何も説明できなかった。最後には「明日までお待ちいただけますか」という低姿勢。翌日、「どうぞ転勤してください」と内示が追加され、ぼくの転勤が決まった。

ぼくを送り出す側になった南勢高校の同僚の一人は「火中に栗を拾いに行くようやな」と表現した。そんな大層な気持ちなどなかった。ただ、南島町で戦う人びとのそばにいたかっただけなのだ。

南島高校に転入した年、同時に新校長が着任していた。この人は清廉な良識の人で、何かぼくに関連する事態があると、きちんと伝えてくれた。いきなり春から抗議の電話や手紙が、校長や県教委に届いていたのだ。

その内容たるや、教室で原発反対の歌を歌わせているとか、生徒に原発反対をけしかけているとか、事実無根の荒唐無稽なものばかり。赴任当初、学校ではゲンパツのゲの字も口にしていなかったぼくとしては、匿名者の「想像力」に呆れるばかりであった。校長も「無責任な匿名電話を相手にするつもりはありません」と公正さを貫かれた。

その後も「柴原を早く転出させろ」といった投書が続いたという。

正直なところ、ここまで攻撃してもらって、校内で反原発してませんっていうのは、なんだか申し訳ないなと、ある意味背中を押されている気がしたくらいだ。

一連の出来事は、ぼくを南島町に入れたくない、居させたくない、何者かの意思を反映していたのは明らかだ。ぼくは、警察や中部電力による反対運動の調査・監視との関連を疑っている。政治屋の関与もだ。これらは、のちに起きる反対派住民・市民への「いやがらせ」とも結びついていると見ている。

それにしても、である。たかが高校教員一人に、かれらは何を怖れたのか。

不可解な人事

ぼくを南島に居させたくない側の意思は、執拗さを増した。なんとか南島に腰を落ちつけたと思ったら、こんどは南島高校からの転出が強要されることになったのだ。

八〇年代当時、本人が転勤を希望しない限りは、同じ高校に原則一〇年まで居られた。ところが、赴任三年目が終わる頃、早くも県教委から転勤を打診されたのだ。しかも伊勢高校へ。同校は地域トップの進学校で、教職員の転入希望が多く、「百人のウェイティングリスト（順番待ち名簿）がある」と言われていた。これが本当なら、ぼくに「百人越え」の特権をくれるというわけだ。もちろん、お断りした。

その年はそれで終わったが、翌年は強硬度数が上がる。

南島高校に来て四年が経った九〇年の春、今度は意向打診どころか、内示という形で命令が来た。なんと強引な。やはり職場も組合幹部も共に腹を立ててくれた。

組合の役員からは、妙なことを聞いた。

「県教委の担当が、あんたに『転勤をお願いします』と言うとったぞ」

命令しておいて、お願いもないものだ。

人事交渉の場で、県教委の人事責任者・担当者と向かい合ったのは、当事者のぼくと、職場の同僚。立会人として組合支部と、三教組高校部の役員がいた。

内示理由について問いただすと、教委の責任者が驚くべき発言をした。

「あなたについては、いろいろと雑音が聞こえてきますのでね」

あろうことか、この役人は公式な人事命令の根拠を「雑音」だと言ってのけたのだ。取り返しのつかない失言である。ぼくは彼の眼を見つめて、ゆっくりと言った。

「雑音によって、人一人の人生を変えようというわけなのですね」と。

あれほど見事に「ハッ」と驚き、青ざめる顔を見たことはなかった。自分が何をしでかしたか漸《よう》く《や》理解したのだ。ぼくは黙した相手に、さらに問いかけた。

「今回の内示は、命令ではなくお願いということですが、本当ですか?」

「は、はい、私どものお願いです。どうかお聞き届け願えないでしょうか」

「あー、ほっとしました。正式の内示でしたら、命令なので従わなかったらクビですけど、お願いでしたら、聞く聞かないはぼくの判断ですよね。お断りします」

相手は呆然としていた。

「これね、明白な不当人事ですよ。あなたも、わかっていますよね」

組合の高校部長が、担当者にだめ押しをした。

こうして内示はとり下げられ、ぼくは南島にとどまることとなった。背景には、自民党県連を牛耳る古参議員からの圧力があったことを、三教組南勢地区高校支部役員の前で、県教委の人事担当者が認めている。さもありなんである。

ぼくをめぐる人事の顚末《てんまつ》を、現地闘争の時間より先に少し進める。余計な話かもしれないが、行きがかり上、「結末」を記しておきたい。

南島での五年目も半ばを過ぎ、現地で戦う皆さんと過ごしてきて、自分の役割が分かってきた。今後は、都市部の反原発の人びとと、現地をつなぐ役目を果たすべきと気づいたのだ。南島にいる間も、伊勢や津の会議や集会に通う日々だったし、その回数も増えていた。いずれは伊勢に居を構えるつもりだったし、わが子を伊勢の小学校へ通わせるなら、早い時期の方がよいと考えた。

そこで、夜間定時制の伊勢実業高校への転勤希望を出した。勤務時間が午後からなので、午前中を自由に行動できると考えたからだ。当時の慣例では、希望調書（というものがあった）の希望先欄に、六校以上の校名を書かないと本気の転出要求とは見なされなかった。一校のみでは無視されても文句は言えなかった。

ところが、ぼくの場合は一校だけ書けばよかった。南島に居てもらっては困る者たちにとっては、願ったり叶ったりだったから。伊勢実高の留任希望者も、同校への長年の転入希望者も一気にすっとばし、柴原転出を優先させた「不公平人事」（当人に不満はない！）が強行され、すんなりと望み通りの転勤が決まったのである。

長期間にわたる人事攻撃。わざわざ一教員に目配りしていただいたわけだが、弾圧の対象にされたということは、ぼくも少しは南島町民の戦いに貢献できていたのだろうか。

六、進む地域破壊

七〇年代から、しばらく水面下で続いた芦浜原発立地攻勢は、田川亮三知事の意思によって再び表舞台へ出てきた。一九八四年、芦浜闘争第二回戦の始まりだ。

当初、県・中電など原発推進勢力の現地工作は、立地点を有する南島町に向けられた。町長に会おうとしたり、反対運動の主力であった有志会や漁協への働きかけが試みられた。そのどれもに失敗すると、推進工作は、町内で唯一芦浜に漁業権をもつ漁協のある古和浦に集中されていく。

金と暴力による多数派工作と並行して、反対派住民への陰湿な「いやがらせ」が繰り広げられた。

卑劣ないやがらせ

南島町小方竃《おがたがま》の我が家へは、無言電話が一日に何回となく掛かってきた。数十回という日もあった。気味が悪いとか、イライラすれば、攻撃側には有効な手段なのかもしれないが、ぼくは軽蔑しか覚えなかった。幸い、家族も同じ反応を示してくれた。

ある日、受話器をとった三歳の息子が、しばらく耳を傾けた後、「ばか」と電話を切った。聞いてみると、「ニャー」と言ったらしい。誰かが猫の鳴き声を真似たのか。三歳児にバカにされた相手は、何を感じたろうか。

無言ばかりではなかった。あるとき、電話の向こうから英語で語りかけてきた。テレビ番組でよくある「音声は変えてあります」みたいな声で「ぼくの近況」を解説している。どこそこの集会に出た、どこで誰に会った…といった内容。どれも事実であった。

要するに「お前を見張っているぞ」という脅しだ。わざわざ英語を使ったのは、ぼくが英語教師だからか。「オレたちはこんなこともできるんだぞ」という、匿名に徹しきれぬ者の自己顕示欲の発露だったのだろうと、ぼくは推測している。

反対派住民のもとへ、注文した覚えのない商品が次々と、請求書付きで届いた事件はよく知られている。ある家にはダブルベッドが配達された。

最も高価な商品は「住宅」だろう。アタッシェケースを提げたスーツ姿の男性が「このたびはご注文ありがとうございます」と、建築プランを携えてきたという。誰かが本人になりすまして発注したのだ。幸い、ぼくのところに大したものは送られてこなかった。英語教材のＣＤと、あとは無料の痔薬サンプルくらい。

妙な封書やハガキは、一日に何通も届いた。手紙が入っているときは、ワープロ文字で原発反対派を揶揄するような内容のもの。そうでないときは、新聞の切れ端や折込チラシなどが意味もなく入っていた。いや、意味はあったというべきか。とにかく、相手に薄気味悪く思わせればよかったのだろうから。

一度、千円札が入っていたこともあった。開けずに捨てるともったいないよ、とのメッセージだったのだろうか。ありがたく「『原発いらない』三重県民の会」の活動資金に充てさせてもらった。

いずれにしろ、卑劣で下品な犯罪行為をやっている者たちは、自らの人生時間を、こんなことに費やして後悔しないのだろうかと思った。

古和浦漁協乗っ取り作戦

八七年頃から原発推進勢力の戦略は、南島の町ぐるみの反対を尻目に、古和浦への「集中攻撃」へとシフトしていた。

原発建設は、法的には県知事と建設地に漁業権を持つ漁協にしか権限がない。芦浜の場合は、紀勢町錦と南島町古和浦の二漁協だけ。錦漁協はすでに賛成に回っていた。

「町民や町内の他漁協が反対しようと、古和浦さえ同意すれば法的に問題ない」

推進勢力はそう言わんばかりに、古和浦漁協乗っ取り作戦を強行したのだった。

原発建設の鍵となる海洋調査受け入れは、正組合員の過半数で決まる。用地を取得され、調査が実施されたすべての地点で、原発が建設されている現実があった。

仮に漁協の正組合員が二二〇人だったら、一一一人を籠絡《ろうらく》すればことは決する。

多数派工作にやってきたのは、住民が「工作員」と呼んだ中部電力の社員だけではなかった。あろうことか、住民福祉に奉仕すべきはずの県職員まで南島町に逗留《とうりゅう》し、反対派漁民の切り崩しを始めたのだ。

県職員は地域振興部の所属だった。この活動の根拠は、あの県議会の原発調査推進決議であった。朝日新聞の若い記者たち（奈賀悟、田中敏行、行方史郎記者）は、県の動きを丹念に取材し連載。のちに書籍化した（『海よ！芦浜原発三〇年』）。

同書によれば県職員たちは、漁民一人一人の親戚、人間関係、借金、趣味など個人情報をできる限り集めた。反対派を黄、推進派をピンク、中間派を緑、と蛍光ペンで色分けした名簿をもとに懐柔工作に当たったという。

「黄色と緑は減り、次第にピンク色が増えて行った」（同書）

基幹産業だったハマチ養殖の不振によって、経済的苦境に立たされた漁師が次々と推進勢力に呑み込まれていった。

養殖ハマチの魚価暴落は、週刊誌やテレビによる悪質なハマチたたきで加速された。これが、食の安全に名を借りた古和浦困窮化作戦だったと説明されても、あなたには信じられないかもしれない。

八六年一二月、TBSが「恐怖のハマチ」という情報番組を放送した。ロケ地は秘されていたが、南島町であった。画面では、漁民を名乗る人物たちが「抗生物質が危なくて、地元では養殖ハマチは食べない」「養殖漁師は（生簀に使用する有機溶剤で）手が麻痺し、餌をミンチする機械で指を落としている」等々、でたらめを並べた。驚くべきことに証言した「漁民」とは、町内の原発推進の中心人物たちであり、漁師ですらなかった。

巨大な謀略を感じさせるに十分すぎる出来事だった。

暴力と金による脅し

予兆はあった。

藤田幸英《ゆきひで》自民党県連幹事長が「中電は環境調査を申し入れるべき」とぶち上げ、県選出の田村元《はじめ》通産相も「（調査申し入れの）機は熟しており、ぜひ進めてもらいたい」と発言した。

伊勢新聞は、推進組織の活動を予告したり、彼らの「声明」全文を一面に掲載するなど連携ぶりを示した。

八八年二月、ついに古和浦漁協総会に漁民推進グループが登場する。かれらは中電による大口預金受け入れと原発研究機関設置の動議を提出した。当然ながら動議の段階で金額には触れていない。動議提案側（推進派）はどれほどの額を見込んでいたのか。

それまで、古和浦はじめ町内漁協は中電からの預金を拒絶してきていた。受け入れていた周辺町の七つの漁協と町内三農協への中電預金の合計は一九億五千万円。動議が想定する金額の大きさが知れよう（五年後、古和浦漁協への中電預金額は二億五千万円となった）。経営の苦しい漁協にとって、億単位の預金は魅力だが、預け主は中電だ。依存させて支配せんとする意図は明白だった。

研究機関の設置とは、二重執行部状態の出現を意味する。設置を認めれば、漁協の混乱と反対運動の弱体化は必至であった。

幸いこの時は、反対派多数で否決できた。しかし以後、反対派役員会への揺さぶりが執拗に続くこととなる。漁協経営に難癖をつけ、県庁と推進派が協力して役員の辞任・改選や臨時総会の開催を迫った。三年に一度と決まっている役員選挙が、八八年から六年間、毎年行われたことからも、異常事態のほどが知れよう。

古和浦有志会代表の磯崎正人さん（2007年没、享年65）。2007年2月15日、北村博司氏撮影。

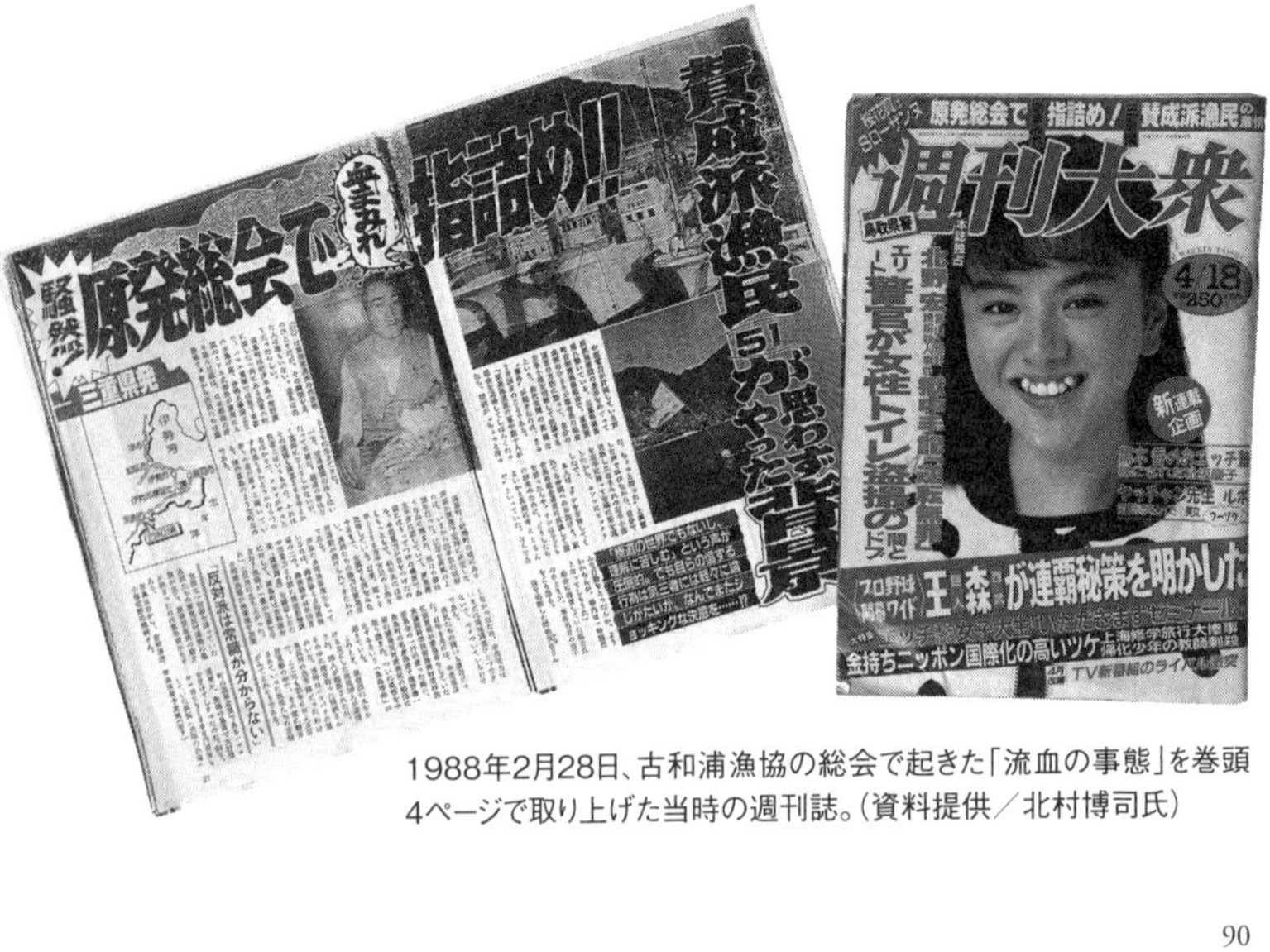

1988年2月28日、古和浦漁協の総会で起きた「流血の事態」を巻頭4ページで取り上げた当時の週刊誌。（資料提供／北村博司氏）

選挙のたびにじりじりと推進票が増えていく。逆転の危機が近づいていた。「流血の事態」も起きた。八八年の総会で敗退が決まった時、推進派幹部の一人が左手小指を自ら切断し、議長である反対派組合長の席に置いていったのだ。抗議か、脅しか、いずれにしろ暴力が発する重苦しさが古和浦にのしかかった。

推進派から反対派への一方的暴力による傷害事件は三回発生している。役員選挙があるたび、「(総会の)委任状が五万円で買われた」「今度は一〇万円や」といった噂が流れた。

警察も味方ではない

一九八八年四月二六日、自宅でくつろいでいた磯崎正人さん(南島町古和浦有志会代表)が突然、原発推進派漁民に襲われた。殴る蹴るの暴行を受け、肋骨と歯を折られたのだ。しかし、警察は犯人を捕えなかった。

警察は公正でも公平でもなく、不当逮捕による弾圧までやっている。

養殖漁業者では、仕事で使う薬剤を薬品会社が届けに来ても、海に出ていることが多いため、一軒の家でまとめて預かり、代金を立替払する習慣がある。陸へ上がってから、代金を持ってその家へ薬を引き取りに行くのだ。古和浦で、こうして薬剤を預かった反対派漁師を、警察が逮捕拘留した。理由は、無資格で薬品を売買したから。元より嫌がらせゆえ、この漁師は不起訴になったが、もし彼が罪に問われるなら、日本全国で仲間の薬剤を一時預かる漁民は、すべて牢屋に入らねばならなくなる。

反対派の女性たちが街角で立ち話をしていると、警察から「三人以上は無届け集会として逮捕する」と脅された、という話も聞いた。

ぼく自身も体験した。古和浦でビラ配りをしていると、例の指を詰めた推進グループの幹部に、「刺したるぞ！」と凄まれたのだ。公安刑事が同道していたので「今のは脅迫ですよ」と訴えたものの、「密室で言ってるんじゃないしねえ」とニヤニヤしているだけ。

「原発いらない会」の仲間は、推進派の漁師にビラ束をもぎ取られ、ドブに捨てられている。このときも、警察は見て見ぬ振りであった。

直接的、肉体的な暴力だけが暴力ではない。地域社会に原発を押しつける企業や行政権力の所業が、すでに暴力である。さらにいえば、原発の存在そのものが。原発は、竣工・稼動し放射性物質が人体を侵す遥か以前、計画段階において地域社会を破壊する。

古和浦は、もはや無法地帯と化していた。

「中電にはっきり言いたい。この平和な古和浦を金の力で脅かし、親子や親せきの間でも口をきけんようにした。道義的な責任を問いたい。金が動くということは委任状を買うと

いうことだ」（1991年9月17日、記者会見での堀内清古和浦漁協組合長の発言）

酒食の饗応の話も多く聞かれた。どこそこの店で飲み食いすると、中電が払ってくれると言われていた。

ある晩、ぼくが神前浦の店で飲み、お代を払って出ようとしたら、主人が「あちら様からいただいてます」。見ると、カウンター席の中電工作員二人が頭を下げた。なるほど、これか。その余のこと、推して知るべし（酒代はもちろん自分で払った）。

反対派漁民の切り崩しは、同時に地域社会の切り崩しでもあった。カネで人の心を買うようなことをして、地域生活を崩壊させていったのだ。

中電と県当局の関与は明白だった。県職員が推進派漁民に送った激励の手紙が読売新聞にすっぱ抜かれている（88年3月15日）。

「このたびは皆様の御努力にもかかわりませず、あのような総会結果になったことを残念に思い、また皆様方の心中をお察し申し上げる次第でございます。原発問題は、これからが本当の戦いであり、一層厳しい状況が予想されますが、それだけに今後の皆様方の一層の結束強化と同志の拡大が大切であるわけです。我々といたしましても、微力ではありますが引き続き皆様と共に努力をして参りたいと考えているところです（一部省略）。　昭和六三年三月一日　三重県地域振興部地域振興課（担当職員名略）」

中電の記録もある。

「このような状況のなかで、当社は、行政の指導も得ながら引き続き対話や講演会、先進地視察等の活動を進めるとともに、推進グループの活動や漁協再建に対する支援等を通じて一日も早く地元の理解を得、現地調査の申し入れができるよう鋭意努力を続けている」

（「中部電力四〇年史」１９９１年中電発行）

さすがに活動資金を自社が支払ったとは書いてないが「推進グループの活動支援」を行った様が、あからさまに記述されている。

分断される地域

暴力と金による分断の果てに何が起きたのか、あなたに想像がつくだろうか。

古和浦は、五〇〇軒ほどの家々がひしめく小さな漁村だ。冠婚葬祭といわず日々助け合って暮らしてきた。なのに、生まれた時から一緒にやってきた隣人が、ある日を境に挨拶もしなくなる。知らんぷりをするどころか、睨みつけてきさえする。親子兄弟間の仲違いも少なくなかった。

子供が道でつまずき倒れたとする。助け起こす前に「（反対派か推進派か）どっちの子だろう?」とつい顔を確かめてしまう。両派の正組合員数が拮抗してきたので、相手派の誰かが亡くなったと耳にしては喜ぶ自分に愕然とする。

「食卓で自分の親が、親友の親のことを罵《ののし》るので辛い」と生徒が作文に書いてきた。地域の人間関係はズタズタになった。分断は第一回戦の英雄たる「古和浦二五人衆」にさえ及んだ。磯崎正人さんも、指を詰めた推進派幹部も、ともに二五人衆の一人だった。推進派が擁立した組合長候補もそうだ。かつての同志が、まっぷたつに割かれてしまった。

これが古和浦の人びとにとって、子を生み育ててゆくふるさとの現実なのだ。この事態を「地域破壊」と呼ばずに何と言おうか。

古和浦の有志会と女性たち反対派は、孤立の中で戦っていた。

それまでは、町内七漁協と各浦々の有志会や母の会が、南島町への「侵攻」を団結して撃退してきた。しかし、各漁協・各浦の自主性独立性を重んじる伝統社会において、他地区のことには容喙《ようかい》しがたかった。

古和浦への集中攻撃に対して、町民は応戦の決め手を欠いていた。

カンパによる新聞広告

そんな時、町外の市民や労組のメンバーが動いた。彼らは総会や臨時総会のたび、攻防の舞台となった漁協事務所前に、プラカードや横断幕を手にして静かに立つようになった。原発を寄せつけずに来たことへの感謝と、子供たちの命を守る道に立ち戻ってほしいとの願いをこめて。総会に臨む漁師たちへの、ささやかな声援だった。

総会を見守る市民に掴みかかろうとする推進派漁民がいた。総会会場の二階の窓から、ぼくの足元に湯のみ茶碗が叩きつけられたこともある。

九〇年二月の総会前には、約八〇種類のチラシと、一軒当たり一〇通以上の手紙が、日本中から古和浦の家々に殺到した。それらに綴られた激励と脱原発への切なる願いを読み、女性たちは泣いた。

ひとつのコミュニティ破壊が進行していること、それが三重県と中電による加害行為であること、その実態がいかに惨いかを伝えるために、市民の手で新聞広告を出すことにした。「『原発いらない』三重県民の会」の事務局（連絡先）を坂下晴彦さんから引き継いでいた津の小室豊さんが世話人を引き受け、実務を進めてくれた。広告文、イラスト、レイアウトはぼくが担当した。

全国から二〇〇〇万円のカンパが寄せられた。全国紙地方版の半面が買える金額だった。何社かに掲載を断られたが、一社が引き受けてくれた。

九二年十一月五日、毎日新聞に意見広告が載った。

「拝啓　田川知事殿」「町がこわれた！　知事さん、芦浜原発やめて！」

読者を見つめ返す古和浦の人びとの挿絵を配して地域破壊の非道を訴え、心ある三重県民の「決起」を願った。

古和浦の悲劇は「分断（分割）して統治せよ」そのものだった。住民を分断し、対立させて悲惨の淵に叩き込み、加害者が利益を得る冷血の構図。それは今も、被曝強要による福島県民の分断に見られるごとく、権力と金を握る者たちの常套手段である。

地域破壊が進行する日々、南島町民も手をこまねいていたわけではなかった。

反撃と起死回生の九三年はすぐそこだった。

事《じ》さん、芦《あし》浜《はま》原《げん》発《ぱつ》やめて！

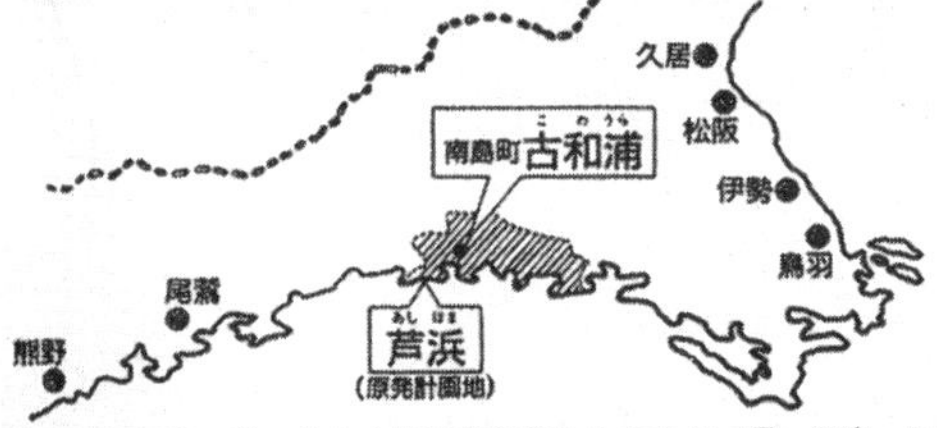

古和浦漁協の定期総会については、大変憂慮すべき問題になっております。親子兄弟で反目しあい、親子の縁を切ったり、兄弟の縁を切ったりと人間社会ではあってはならない事が現実に起こっております。まさしく家庭の崩壊です。地域の崩壊です。

野村道夫 南島町議会議長
（一九九二年三月十六日議会発言）

——三重県知事への手紙——

《拝啓 田川知事殿》

三十年続く原発の押し売り

いりもしない品物を買えというセールスマンに、毎日毎日三十年間もずっと家に押し掛けてこられたら、あなたはどんな気持ちがしますか？そのうえ、そのセールスマンへの対応をめぐって家庭で口論が絶えなくなったら、どうでしょう。

原発計画地の南島町は、今まさにこれと同じ目に合わされています。それどころか暴力までふるわれているのです。

この、押し売りの姿こそ、あなたや中部電力の果たしている役割そのものです。

原発推進する県議会と知事

前知事と中部電力によって芦浜が原発計画地にされたのは約三十年前のことです。それ以来中部電力による地元工作が続いています。そして、あなたの任期中である一九八五年に県議会では「原発立地調査推進に関する決議」が可決されました。その決議とあなたの政策によって三重県の原発計画地・芦浜に漁業権のある南島町古和浦漁協と古和浦の町に深刻な住民同士の対立が生まれました。そして今一つの町が壊されたとしかいいようのない事態になっています。

現地では流血の事態

今年の四月一六日、原発推進派漁民の一人が古和浦漁協組合長室で暴れ、原発反対派の組合長に暴行を働き、一〇日間の怪我を負わせました。古和浦漁協では総会のたびに推進・反対の両派が対立し混乱しています。二月には反対派の理事に茶碗が投げつけられもみ合いになり警察官が導入される事態にまでなりました。

暴力行為はこれだけではありません。古和浦の原発反対団体の代表者は、夜自宅を襲われ、一方的に暴行を受けた末に肋骨と歯を折る重傷を負わされました。これは八八年のことでしたが、この代表者は九〇年にも再び自宅を襲われています。彼はいずれの場合も無抵抗を貫きました。

深刻な住民同士の対立

古和浦は海辺の狭い土地に五百軒ほどの家がひしめき合って、冠婚葬祭といわず毎日助け合って生きてきた仲の良い町でした。生まれたときから仲良くやって来た隣人同士がある日突然挨拶も交わさなくなる様を思い浮かべて下さい。

「親や兄弟、親戚同士でいがみあっている。酒も一緒に飲めんし、この九年間正月にも顔を会わさんのや。会えば原発のことでけんかになるからな。本当に悲しいことや（中日新聞 一九九二・七・二二）」と古和浦の人が語っています。

道で子どもが倒れてもどちらの派の子どもかと顔を見てしまうといいます。「自分の親が友人の親をののしるので、つらい」と作文に書いた生徒もいました。盆踊りも昔のように仲良くやれなくなりました。漁協では両派の組合員数が拮抗しているため、相手方の組合員が亡くなると喜んでいる自分に気がついて愕然としたと告白する人もいます。

県当局が地域を破壊

古和浦の混乱は極限に達しています。この現状を地域破壊と呼ばないとしたら、何が地域破壊なのでしょうか。古和浦の人々はこの中で子を生み育ててゆかねばならないのです。こんな残酷なことがあるのでしょうか。

この地域破壊は、県当局が地域振興部職員を県民の税金を使って出張させ、古和浦で原発推進の人を増やすことに腐心してきた結果です。一つの町を壊す「地域振興」とはなんでしょうか。

町議会と漁協は原発反対なのに

原発は計画段階からその地域を破壊するといわれてきました。今私たちが見ているのはその実例です。こうした住民の対立・混乱は古和浦にとどまらず南島町の他の地区でも顕在化しつつあります。

南島町は議会も町内全部の漁協も原発反対決議を挙げています。職員や中部電力社員による南島町での原発推進工作はこの決定を踏みにじるものです。なぜ県行政・議会が地元の決定を無視してもよいのか不思議です。

原発からの勇気ある撤退を

私たちや、これから生きていく子どもたち・孫たちに必要なのは、原発事故の恐怖にふるえる生活や、原発から出る危険な「死の灰」ではなく、平和で安全な環境と熊野灘でとれる豊潤な海の幸です。

どうか南島町の人々の苦しみに思いをいたしてください。子どもたちの未来を守って下さい。原発計画から撤退する勇気を出して下さい。謹んでお願い申し上げます。

1992年11月5日、毎日新聞に載せた意見広告。県知事批判となることを怖れたのか、他社には掲載を断られた。文章とイラスト、デザインは筆者。

七、闘争第三世代の登場

南島町の原発闘争史は、再生と希望の九三年を迎える。

六〇年代の一回戦は、「七人の侍」といわれた組合長が先頭になった漁協中心の戦いであった。八四年に始まった二回戦では、有志会や母の会などの住民グループ、いわゆる「第二世代」が立ち上がった。

九二年、原発建設の鍵を握る古和浦漁協は、推進派組合員に主導権を握られようとしていた。闘争はすでに三〇年に及び、第二世代は苦境に立たされていた。

闘争第三世代の登場

九三年一月一七日の朝、神前浦漁港の広場に続々と町民が集まり始めた。やがて群衆は、三五〇〇人にまで膨れ上がった。町人口の実に三分の一強だ。芦浜原発反対闘争史上空前の大集会とデモになった。

主催したのは「南島町原発反対の会」を名乗る青年たち。仮設の壇上に堂々たる体躯の若者が現れると、力強く挨拶した。

「先輩たちの闘い抜いてきた力に、私たち若い力を加え、芦浜原発問題に終止符を打つために頑張りましょう！」

方座浦漁民で、同会代表の小西啓司さん（30歳）だ。芦浜闘争に、いよいよ「第三世代」が登場してきたのだ。

九〇年代に入ると、停滞したかに見えた反対運動に、新たな胎動が起きていた。九一年夏の町議選では反対派町議が増えた。

南島町議会（定数18）の原発をめぐる勢力関係の解明は難しい。三〇年間反対決議を堅持しているのだから、反対派優位といわれていた。だが実際のところはそう単純ではない。「誰がホンモノか」と問われれば、いわく言いがたい。これは後の町民投票条例の決議をめぐる騒動からも感じとってもらえよう。だから、ここでは何議席に増えたという言い方はしない。ぼくの主観で「ホンモノが増えた」というしかない。

反対派新人町議とベテランの橋本剛匠町議は、翌年の町長選挙を好機として作戦を開始した。二人の町長候補双方に、原発町民投票条例の制定を約束させたのだ。

最大の関心事である選挙において、政治課題として「町民投票」が報道されると、条例制定が再び人びとの意識に上ることになった。閉塞状況下に光明を見出したのは、第二世代だけではなかった。

原発に抗する親や先輩世代の背中を見、同じ空気を吸ってきた青年たちもまた、県や中電のやり口に憤っていたのだ。反対派町議らに触発され、運動へ参加する動きが加速された。互いに連絡をとりあい、条例制定に向けての相談が始められた。

「わしらもデビューしやなあかんで。でっかい集会とデモをやったろや。ちょうどええ日があるぞ」。反対の会事務局長の中村和人さんと仲間たちは計画を話し合った。

町史上最大のデモ行進

デモのきっかけは「ドームプラザ・なんとう」だ。町の中心部・村山《むらやま》に建った中部電力の営業所である。

ただの営業所ではない。小学校の体育館ほどの広さで、子どものプレイルームや料理教室を開く設備もあり、着付けや茶道・華道の教室も開かれるという。つまりは住民懐柔施設だ。そのオープン記念行事が一月一七日に予定されていた。

かたや最前線の古和浦では、県当局と共謀して金と権力による共同体破壊に勤しみ、こなたでは地域奉仕のソフトな外面を繕う。欺瞞《ぎまん》の電力会社へ抗議デモを行う好機は、この日を置いてなかった。

　あわてた中電は前日、行事の延期を告知するチラシを配布した。「一部町民の方々と外部の人たちによる反対行動があるため」というのが理由だ。

　町行政・議会・漁協が一体となった原発反対対策協議会は、青年たちに呼応して集会への参加を決めていた。有志会、母の会は言うにおよばず。「一部町民」などと当の町民を騙せるはずがない。「外部」とは何か。原発と中電こそ外部そのものではないか。青年たちの勢いに水を差したかったのだろうが、姑息な言い回しは火に油を注ぐこととなった。

　一七日、町史上最大のデモ行進は整然と進んだ。

　原発反対の声が冬空に響きわたる。トランシーバーを片手に、青年たちが走り回って隊列を指揮していた。そこには、ぼくが南島高校在職中に出会った卒業生たちの顔もあった。二〇一五年、国会前に自由と民主主義を求めて集い、抗議行動を続けた若者たちのことを憶えておられるだろうか。その二〇年以上も前に、南島町の青年たちは命と未来のために立ち上がっていた。

町外民の動きも活発化

町外の人びとも精力的に動いた。さまざまな取り組みが第三世代の登場前から始まっていた。

私たち「『原発いらない』三重県民の会」は、伊勢市職員組合、若い母親のグループとともに広瀬隆さんの講演会を開き（88年、91年）、一五〇〇人の賛同出資者を集めた。意見広告の資金を集めるため、伊勢で初めてのアースデイを宮川河川敷で開催。そして労組の青年たちと古和浦漁協前での行動に通い、町民投票条例を制定させるべく、南島町各地区への戸別ビラ配布と話し込みを続けた。

県内各地や名古屋などから届けられたチラシは、新聞折込で町内に配布。「ハガキのデモ行進」と名付け、町議会へのハガキによる激励を全国に呼びかけた。これらの行動は「いらない会」と「名もなき小さな会」が協力して行った。

栗田淳子さんら「原発とめたい女たち」は、県庁「地域破壊部」（実際は地域振興部）に出向いて古和浦における地域破壊の責任を追及。他団体と一緒に、県・中電に対する抗議行動、集会とデモをくりかえした。

ぼくは九一年に、家族と伊勢市に戻っていて、反原発の会「名もなき小さな会」の立ち上げに参加した。月刊の会報「きぬのもり」は口コミで読者を増やし、二五〇〇人ほどにまでなった。南島の危機が伝わり、行動する人びとが増えていったのだ。広河隆一チェルノブイリ報告会の共催を呼びかけたら、なんと一〇九ものグループや団体が賛同してくれた。

全七浦で条例勉強会

南島の町議と青年たちによる原発町民投票条例制定に向けた取り組みが本格化すると、推進派からの批判・攻撃が強まった。

町長選挙で町民投票が話題になったときに、中部電力社長は「議会制民主主義からすれば、どうかと思う」と牽制していた。田川亮三知事も「条例制定は軽々にやってはいけない」と町政への介入発言を行った。

原発推進派の町議やグループも次々と条例反対のチラシをくり出し、町内建設業者や一部の元町議からも条例反対の要望書が出された。知事は町長を県庁に呼び、「慎重に対応を」と釘を刺した。条例制定に抵抗する原発推進勢力の、異様にも見える執拗さ。それは逆に南島町民の確信を深めさせることとなった。

「推進側がこれほど反対するんや。町民投票条例は、絶対に成立させやな」と青年たちは奮い立った。条例制定への期待は一気に高まっていった。

草案を書いたのは上村康広町議だ。原発建設の賛否を問う住民投票条例には、高知県窪川町（現・四万十町）の先例があった。有効投票の「過半数」の意見を尊重するとの内容だ。これなら、成立の可能性は高まる。

しかし、真正面から議論を尽くして決めたい。上村さんは「三分の二以上」の賛成がなければ原発は拒否、と起草した。これを素案として町議会全員協議会（全協）にかけると「時期尚早」「町民の理解を得ていない」などの反論が出た。

青年たち反対の会と町議は、住民向け勉強会を試みた。まず方座浦と古和浦で行うと、「うちの地区でも頼む」と声がかかった。奈屋浦では、漁協が組合員の出漁を停止して勉強会を主催した。

「条例は町議会を冒瀆《ぼうとく》するものだ」との意見もあったが、「あくまで議会の反対がくつがえったときに実施するもの。町議会を飛び越えたものではなく、最後の歯止め」「投票で町民一人ひとりの意思を具体的に示すことができる」など、野村道夫町議らによる丁寧な説明と議論が積み重ねられた。勉強会は漁協のある全七地区に広がり、参加者は延べ一七〇〇人を数えた。多種多様な団体が条例制定を要求し、区、漁協、会社、医院、商店、老人会など一六〇団体にもなった。

条例案がまとまった。原発建設の賛否は、当初からの落とし所である「過半数」とされた。南島町では十分なハードルだ。議案審議・採決の町臨時議会は九三年二月二六日に決まった。

可決された「町民投票条例」

ところが、問題が起きる。二月二一日、全協（南島町議会議員全員協議会）で、本会議における条例案の投票方法が審議されたとき、記名（起立）投票か、無記名かで意見が分かれた。

原発反対（条例制定）派町議は記名を主張したが、採決により無記名投票となった。記名支持六名、無記名支持八名、欠席三名（18議席、議長は橋本剛匠さん）。欠席の一名は明確な反原発派だ。この時点で、条例賛成七票、反対一〇票となる恐れが生じた。怒り心頭となった「阿曽浦原発反対の会」は、広報紙で「最低の選択」「南島の恥」と非難した。

一方、神前・村山地区の「吉津母《よしづ》の会」は、どの議員がどちらの方法を選択したか、実名を並べただけのチラシを発行した。誰を信ずるべきかは一目瞭然。かつ本音を隠す者たちへの警告。ぼくは、このシンプルなチラシが好きだ。

町議たちへの説得が強化された。原発反対を口にしながら無記名を支持した議員は、真意を問いただされた。走って追いかけられる場面もあった。混乱を避けて沖の筏《いかだ》に逃れた町議を、青年たちは船で説得に向かった。

1993年1月17日朝、集会会場で挨拶する「南島町原発反対の会」代表の小西啓司さん。

1993年1月17日、中部電力南島営業所「ドームプラザ・なんとう」前で原発反対の旗を翻す町民。

南島町民投票条例制定の中心として動いた上村康広（手前）・野村道夫（奥）町議。北村博司氏提供

1993年2月26日、町民投票条例制定の結果を知り、安堵の表情を浮かべる南島町民。

二月二六日、役場前では五〇〇人の町民が審議の結果を待っていた。傍聴席から走り出てきた青年組織「南島町原発反対の会」代表の小西啓司さんは、よく裁判のニュースで見かけるような垂れ幕を掲げていた。そこには「条例可決」の文字が。

「町民投票条例　制定!!　11対6で可決　勝って兜《かぶと》の緒《お》を締めろ！　中電撤退まで気をぬくな　南島町に平和が戻るまで！」（反対の会速報より）

第三世代の青年たちと町議たちは、先行世代との連携を図りつつ、闘争の行動と実務を担い切り、もっとも苦しい時期を乗り越えた。見事な世代交代であった。

やがて来るであろう海洋調査の強行。古和浦決戦への準備は整った。

闘士たちの語録

町民投票条例の制定運動では、当然ながら原発反対派の町会議員が大きな力を発揮した。功労者の一人、野村道夫町議による議会での発言を引用させていただく。提案説明の部分だ。終始事実をつないだ経過報告でありながら、胸に迫る名演説だった。

…たとえば（一九九三年）一月一七日のように、原発反対集会に町民の三分の一にも及ぶ三五〇〇人の人々が集まる現状を、どのように考えるのでしょうか。町民のほとんどは町議会の原発反対決議があることで、原発が建設されることはないと理解しております。私たち議員は、その住民ひとりひとりの声を代表しているわけですから、この決議の重要性は今さら申すまでもありません。しかしながら、ここにきてその住民の多くから直接自分達の意見を表明する場を求める声が、非常な高まりをもってきていることもまた我々は見逃すわけにはまいりません。このような住民自治意識の高まりに対して適切な対応が必要であります。

こと芦浜原発問題に関して、多くの住民はこれを自分の問題として、三〇年の長きにわたり考え取り組んできたのですから、その住民の声を無視するならば、南島町内の混乱はますます激しいものとなるのではないでしょうか。原子力発電所の設置についての賛否は、最終的には町民自らが選択する。その方法としての投票を実施するための法的根拠を設定するため、「南島町における原子力発電所設置についての町民投票に関する条例」を、ここに制定しようとする次第であります。

中村和人・南島町原発反対の会事務局長の発言も紹介しておこう。

県民のみなさんは、三重県に一基の原発もないことを誇りにしてほしい。安心して魚の食べられる県であることを誇りに思ってください。そして、その誇りが持てるのは、南島町住民が三〇年間地域破壊の犠牲を払いつつ、原発に反対し続けてきたためであることに、感謝の気持ちを持ってほしい。その誇りと感謝を胸に、芦浜原発計画破棄実現のために戦ってほしい。

南島町民である事務局長が、県民に対して「南島に感謝せよ」というのは不遜に聞こえるだろうか。賢明な読者なら、そうは受け取るまい。彼の言葉には、三〇年戦い抜いた先行世代への感謝と敬意、その戦いを受け継いで条例を制定させた誇りと自信が表れている。

闘争は町民だけでやる

三重県で原発計画を止めたのは芦浜だけではない。熊野原発反対闘争は、芦浜闘争二回戦が始まった直後の一九八七年に勝利している。

熊野の戦いは七一年から。ぼくはまったく参加していない。当時熊野にいた「反原発『螢の連帯』」の冨田正史さんは、労働組合（教職員組合）の一員として参加している。冨田さんとぼくの共通点は、己の意思と責任において反原発の戦いに参加したこと。ただし、一方は労働組合員として、一方は市民としてであった。形式的な違いに過ぎないと思われるだろうが、そこが熊野と芦浜の闘争の、際立った相違点だ。南島町内の労組が闘争に参加したという話は聞いたことがない。

熊野の場合は、市職員組合や教職員組合が作る三重県紀南地区労働組合協議会（三紀地区労）として闘争に主体的に参加した。しかも彼らは闘争において功を求めず、地域闘争の下支えないしまとめ役として、黒子に徹する成熟した運動を行った。

熊野市や海山《みやま》町では、とくに教職員組合が大きな役割を果たした。なぜ芦浜では南島町の教職員組合は戦わなかったのか。その答えは「戦う労組員（個人）がいなかったから」というに尽きる。

海山町での原発住民投票をめぐる闘争渦中（2000～01年）に現地に通い、熊野原発反対闘争の歴史を当事者に取材してわかった。闘争は一人ひとりから始まる。南島町内の労組にはその「一人」が現れなかった。

南島町の反対闘争は、町外の運動については一九九五年以降は別として、発端より三〇年間、町外からの支援を拒み続けた。南島の地域性への配慮と、町民の矜持がそうさせたのだと思う。南島の知恵である。

市民団体であれ、労働組合であれ、南島町民にとっては「よそ者」だ。その評価をめぐって、「あいつらは信用できん」「いや信用すべき」と、「身内」が対立しては元も子もない。町内反対派が揉める可能性のある火種は作らぬこと。そう判断したに違いない。それはつまり、町外の力をあてにしていなかったということでもある。

「原発いらない会」が、百を超える市民団体・グループの賛同を得て、ある反原発講演会を開催したことについて、中村和人さんがこう言った。

「(原発反対団体が) 百団体もいるなら、三重県はもっと原発反対になっていい。その人たちは自分の地元で何をしているのか。ふだんは、何もしていないのではないか。伊勢市でも過半数の市民が原発反対のはずだ。その反原発の意思を掘り起こして、伊勢市を原発反対にするのが伊勢の人の仕事だと思う」

南島町に来てもらう必要はない。市民は自分の場所で戦えと。俺たちはそのようにして自分の町を原発反対にしてきた、という自負を込めて。

八、原発推進の町・紀勢町のこと

南島町の西隣、芦浜原発計画地を南島と共に分けもつ紀勢町（現大紀町）の話をしたい。

これはぼくの罪滅ぼしでもある。これまで「原発推進の町・紀勢」と言い募るのみで、同町反対派の実相を詳《つまび》らかにせずにきたことを、当事者と読者に詫びなければ。

町長、議会、漁協が揃って賛成

紀勢が推進の町と言われたのは、漁協、町議会、町長が揃って原発推進に動いたからだ。

芦浜闘争一回戦（1963～67）は、中部電力による熊野灘の原発三候補地（芦浜、長島町城ノ浜《じょうのはま》、海山町大白池《おおじろいけ》）発表で始まった。周辺漁協は一斉に反対したが、紀勢町錦《にしき》漁協だけは賛成派が優勢となった。

六四年七月、紀勢町議会が原発誘致決議を上げると、同じ日に中部電力が候補地を芦浜に決定と発表。当然、示し合わせてのことであろう。すでに町には毒がまわっていたということだ。

毒とは人の心を買うカネである。七〇年代半ばまでで、寄付金名目だけでも二億円以上が中電から町に渡った。個人・団体も含めれば四億円ともいわれる。町民の七割を連れ出した接待旅行など利益供与ものちに明らかになった。（53頁）

六六年、錦漁協は条件付で海洋調査に同意し、中電と協定を結んで補償金一億円を受け取った。中電から億単位の預金も受け入れ、八四年に協定を再確認したときには八億円に膨れ上がっていた。

町長はどうか。そもそも二回戦（1984〜2000）の戦端は、紀勢町長と県知事が開いたようなものだ。八四年、反原発だったはずの縄手瑞穂《なわてみずほ》（労組役員）町長が「原発はいらんが、カネがほしい」と受け入れを宣言した。八六年からは「私は完全に原発推進論者」と語った谷口友見《ともみ》（建設業）町政が二〇二〇年現在まで続いている。

八三年から八六年、紀勢町で毎月ビラ入れして町民と話したら、実は原発反対が多数だった。このことに関連して、近年「発見」した資料がある。

迂闊《うかつ》にも当時はまったく知らなかったのだが、ぼくらのビラ入れとちょうど同時期の八五年夏、日本福祉大学の福島達夫教授のゼミ生たちが、南島・紀勢両町に調査に入っていたのだ。

ゼミの報告書を福島先生からいただくことができた。タイトルは「芦浜原発とそれを学ぶ住民群像に学ぶ——住民に真に豊かな地域開発とは」。学生たちは文献調査と広範な住民の聴き取りを元に討議を重ねて、見事な地域分析を行っている。

紀勢町での原発世論の記述を、少しだけ報告書から抜粋する。

「さらに我々は声を拾うことにした。『紀勢町を誘致決議をしているから、近隣町村から賛成派が多数と思われていたが、実はそうではない。反対派が多数である』元町会議員のO氏はこう語っている。また反対運動をしているY氏は、住民全体のムードから原発についての賛否を問うと、おそらく六：四から七：三の比率で反対の意識をもつ人が多いと推測している」(同報告書192頁)

これを傍証する記事がある。中日新聞八六年一月一四日号が、錦地区の高校生五八人分(全員は98人)の原発意識調査を載せた。大人の意識については、高校生に親の考えを聞く形で、おおよその傾向が掴める。すると親の六六%が反対で、賛成はわずか六%だった。

同町は海辺の錦地区と山里の柏崎《かしわざき》地区に分かれており、当然ながら柏崎のほうに反対派が多いから、全町調査ならさらに反対比率は高まるはず。なのに、どうして〝推進の町〟になるのか。

八四年十月、「『原発いらない』三重県民の会」は、地元紙「紀州ジャーナル」主筆の北村博司さんを伊勢での勉強会に迎えて教えを乞うた。

錦は船団式の巻網漁が盛んな漁村で、原発闘争一回戦当時（60年代）、漁師の大多数は船主に雇われた網子であった。七つの網元が錦の七、八割方を支配し、彼らの意向が住民全体に浸透する体制にあったという。八〇年代に入り、船団数は減ったものの、その影響力はまだ強い。

いっぽう南島町の場合は、養殖や一本釣など独立漁民が多数派。漁業が順調なら彼らを支配するのは至難の技だ。こうした社会構造の違いが、両町の原発への対応に影響したという明解な説明に感心したのを覚えている。

町長、町議、網元…地域の実力者たちが牛耳る伝統社会。人々は自由に声を上げられず、民意は秘されていたのだ。

反対派の決起

しかし、いつまでも賛成派に押さえつけられている紀勢町民ではなかった。

闘争二回戦期、原発反対の町民集団が登場する。小林国道《くにみち》さんら「芦浜原発を考える町民の会」だ。八四年十月、町長の原発受け入れ発言の前に結成された。

彼らは質の高いビラを連発し、講演会も開催した。会場として町施設の使用を拒否されると、町長を訴えた。紆余曲折はあったが、和解に至り事実上勝訴した。

漁師たちも立ち上がる。

八五年七月にあった南島漁船五〇〇隻による海上デモ。実はこの中に、錦の若手漁民三〇人が操る一八隻が参加していたのだ。錦漁協の組合員は六〇〇人。彼ら若き独立自営漁民の決起は、少数派であるだけに反原発の強固な意思を感じさせた。

デモのあと反対団体が旗揚げする。秀弥さん、福太郎さん、之彦《ゆきひこ》さんらの「海を守る会」、錬進《れんしん》さんらの「錦有志会」だ（名前で書いたのは全員〝西村〟姓だから）。

翌秋、再び南島主催の海上デモで舳先を並べたとき、錦からの漁民は七〇人、五四隻になっていた。デモに参加した阪口和郎《かずお》さんや町民の会のメンバーが中心となって、原発住民投票条例の制定運動も起こされた。このときは議会に阻まれたものの、一〇年後に再挑戦して見事雪辱を果たすことになる。

紀勢町の反対運動には、町外の動きを受けとめる柔軟さ、外とつながる積極性があった。

海上デモに見られるように、反対派は南島町と連携していた。また、鳥羽での環境保護運動の会合（ＳＯＳ運動本部主催）に参加して、「原発いらない会」などの反原発派市民とも交流し、愛知や三重県各地からビラ配りや産直事業の手伝いに通ってくる町外者を受け

活気にあふれる紀勢町錦漁港(1985年8月10日撮影)。写真提供／河田昌東さん

1985年8月25日、芦浜を訪れた愛知と三重の反原発派市民。写真提供／河田昌東さん

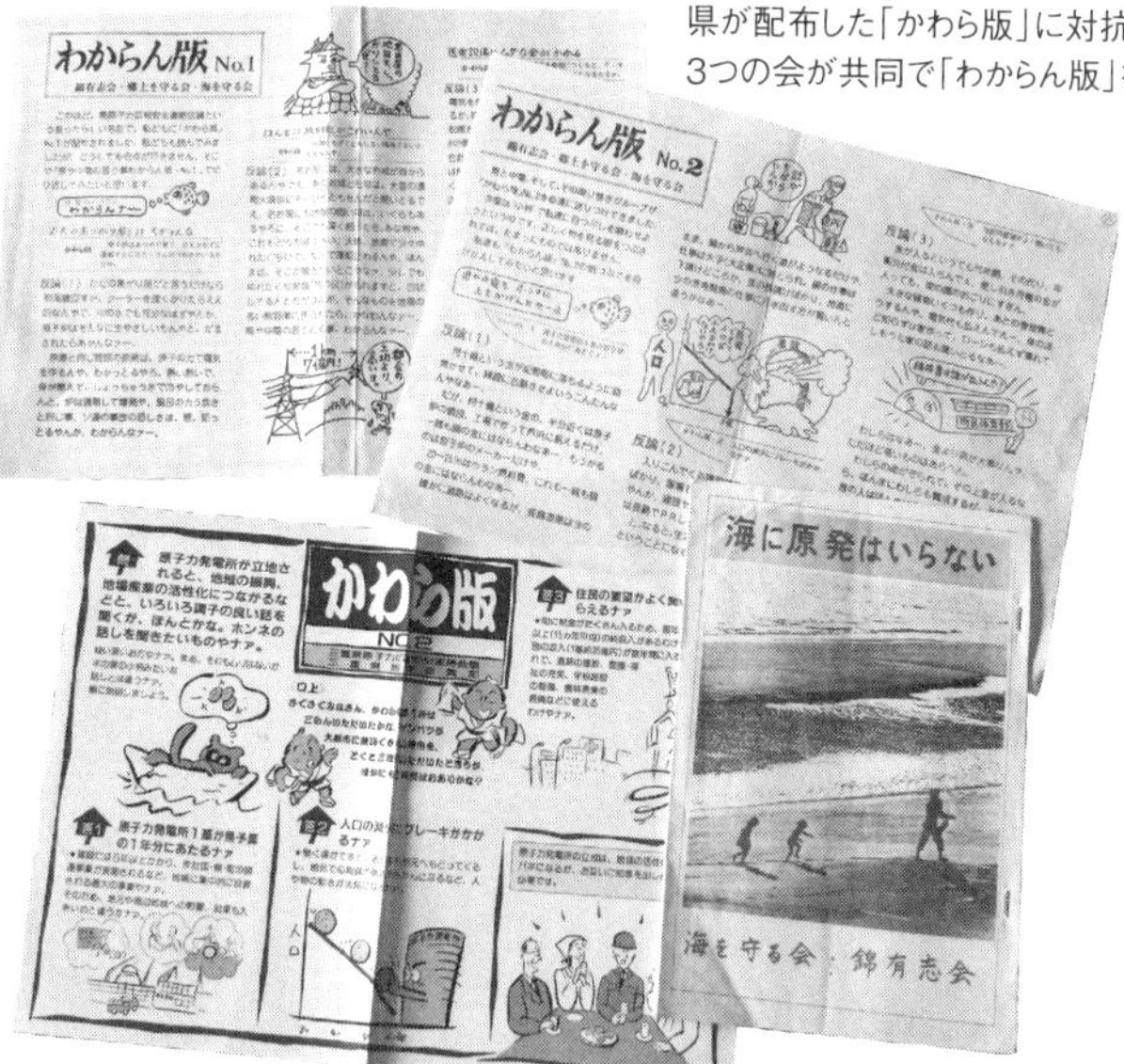

県が配布した「かわら版」に対抗し、地元の3つの会が共同で「わからん版」を発行。

入れた。

八六年秋、反対派町民と「反原発きのこの会」（名古屋）は、「食っていける企業」を創った。原発のカネが必要だと言うなら、まっとうに稼ぐ道があることを事実で示そうと。地元漁民一〇人と、名古屋の市民約七〇人、大阪の消費者団体とで「芦浜産直出荷組合」を起業したのだ。和郎さんがリーダーとなって販路を広げ、新たな雇用を生んだ。

町民は、全国から反原発の賢者たちを町へ呼び学んでもいる。川辺茂、高木仁三郎《じんざぶろう》、水口憲哉《みずぐちけんや》、今中哲二、堀江邦夫らの名前が記録に残っている。

どこが「推進の町」か

反対派は、民意を表す場を選挙に求めた。

「表立って反対できん人も、投票なら無記名。選挙で戦うんが、ここの町民性に合《お》うとる」

選挙に力を入れた西村之彦さんの言である。

八六年二月の町長選挙では、原発絶対反対の新人候補、錦の小関《こぜき》辰夫医師を担いだ。小関氏は医学博士だが、学位論文がなんと「放射能が生体におよぼす影響」。

ぼくは小関講演会（実質は決起集会）で放射性物質をマウスに与えて実験した話を聴い

ている。小関さんは「(放射能の危険性を)知ったからには自分一人に閉じ込めておくことは許されない。医師としてなすべきことをなしたい」と立候補への思いを語った。

現職に新人二人が挑む三つ巴の選挙で、小関候補は善戦した。当選した新人の谷口友見候補が一八五四票、現職の縄手候補の一三二〇票に対して、一一〇一票を獲得。「推進の町」で二六%の支持を集めたのだから、手応えは十分だったと言える。

八八年の町議選では、反対派の新人が「ダントツの最高位当選」(中日新聞)を果たした。理容店「ピノキオ」の西村高芳《たかよし》さんだ。議会に反原発の橋頭堡《きょうとうほ》を築いた。同年、錦漁協では反原発派の役員二名を誕生させている。

九〇年、ついに町長選で「原発に頼らない町政」を訴えた西村太三郎《たいざぶろう》候補(漁業)が当選した。地方の例に漏れない地縁・血縁選挙で、原発の賛否だけで割り切れないとしても、推進派の現職を下した意味は大きい。

残念ながら西村町政は一期で終わり、九四年には再び谷口町政にもどった。

反対派町民は、次なる戦略を展開する。住民投票条例の実現だ。

九三年、南島町は原発設置の是非を問う住民投票条例を成立させたが、紀勢町にも投票条例が生まれていたのをご存知だろうか。

九五年十二月、紀勢町議会は住民投票条例を可決成立させた。〝中立〟を標榜する「住民主権の会」が、町民過半数の署名を添えて陳情し、交渉したのだ。議会内の政治地図を睨みながらの、原発反対派の作戦が奏功した。「投票すれば反原発が勝つ」という確信をもって進めた運動だった。

住民投票に法的拘束力はないとされるが、実態として住民の意思は尊重される。これまで投票のあった三地点（新潟県巻《まき》町、新潟県刈羽《かりわ》村、三重県海山町）すべてで、投票時点の計画（刈羽村の場合は、既設の東京電力柏崎刈羽原発でのプルサーマル計画）は頓挫している。条例は原発阻止の大きな力となるのだ。紀勢町は、絶対反対の南島町と肩を並べて〝原発を止めるための条例〟を作った町だ。どこが「推進の町」か。

『紀勢町史』（2001年刊）の年表を見て驚いた。闘争二回戦の期間（八〇年代）、原発推進に関するトピックは海洋調査についての二件だけ。いっぽうデモや集会など反対運動は六件と、反対派に関する記述の方が多いのだ。なにが「推進の町」か。

裁判、選挙、条例のどれか一つでは原発を止める決定打にはならない。それらの積み重ねとつながりが運動に広がりと厚みを生み、しだいに民意を顕在化させていった。

原発推進勢力の支配下で、劣勢に押し込められた人びとは、そこからいかに立ち上がり突き進んだか。紀勢町の原発反対派住民の描いた軌跡はいまもその光芒を失ってはいない。

二〇二〇年現在、「芦浜産直出荷組合」は和郎さんのもと健在である。全国三〇万人の〝自然派〟市民が顧客だ。組合は、福島原発事故で拡散した放射性物質を測定しての出荷を自らに義務付けた。干物など商品には「原発反対」のシールが現在も貼られ、工場の建物に描かれた大きな組合名が国道二六〇号からもよく見える。和郎さんは言う。

「〝芦浜〟の名を掲げ続けるこの事業を残したい」

まつろわぬ人びとの魂は、この町にも息づいていた。そのことを胸に刻み、紀勢町における反原発物語の筆を置く。

さて、紀勢を「推進の町」呼ばわりしてきたぼくは、地元民に許してもらえようか？

九、古和浦漁協の理事3《さん》ちゃん

南島町は三〇年の長きにわたって反原発の意思を示してきた。原発阻止のための町民投票条例さえ制定した。それでも県知事と中部電力は、原発建設に直結する海洋調査の強行を図った。

この理不尽なる日々を、町民はいかに生き抜いたか。一人の漁師と共に振り返る。

3ちゃん理事になる

古和浦の漁師、小倉正巳《まさみ》さんの愛称は「3ちゃん」。「三ちゃん」でも「さんちゃん」でもなく、算用数字が本人公称の表記である。

のちに古和浦漁協〝最後の反対派理事〟の一人となる彼が理事に選ばれたのは、漁協内で推進派が台頭してきた一九八九年のこと。反原発漁民グループ・古和浦有志会が日参して、立候補を懇請した。

なぜ有志会は3ちゃんを頼んだか。推進派と対峙するには、肝の据わった人物をと考え

たに違いない。就任時四八歳だった3ちゃんは、頑丈な体格、厚い胸板に逞しい腕。睨みの利いた面構えと相まって、人を畏怖させるオーラがあった。

若い頃は暴れん坊だったらしい。だからぼくは、国会議員の芦浜視察を実力阻止した「長島事件」（66年）のとき、罪に問われた「古和浦二五人衆」に小倉正巳（当時23歳）の名前がないのを、長年不思議に思っていた。まっさきに捕まっていそうな人に思えるからだ。

事実は単純明快で、現場にいなかったのだ。過激な行動に出ることを懸念した漁協執行部の判断で現場に行かせてもらえず、父親と叔父の手にかかって柱に縛り付けられていたという。妻の紀子《のりこ》さんは「なんで行かへんだんか、みんな不思議がるんやけど、ほんとのこと言えんしさ」と苦笑する。

ついに逆転の日がやってきた。九三年四月三〇日、古和浦漁協の総会で、推進派が主導権を掌握。推進論者の上村有三《ゆうぞう》組合長が誕生した。

理事は、推進派四人に対して反対派三人となった。三人には、推進派が大勢を占める漁協で、最前線に身をおく恐怖はなかったのだろうか。それまでにも、反対派漁民はいくたびか暴力にさらされている。

3ちゃんも漁に出れば一人。何かあったらどうしようと、つれあいの紀子さんは本気で心配した。推進派優勢の役員会では対立が常態化し、開催のたび漁協事務所前に警察官が警戒に立った。紀子さんの不安は、決して根拠のないものではなかった。

　上村組合長は、着々と手を打った。まずは中部電力に、漁協へ二億五千万円を預金させた。さらに「海洋調査等検討委員会」を立ち上げると、中電に追加の資金協力を求めた。

　3ちゃんは、推進派に対抗するために自分の眼で原発開発の実態を見なければと考えた。反対派理事として自分がなすべき任務だと。

　行き先を宮城県女川《おながわ》町に決めた。堀内清前組合長、富田英夫《ふさお》元理事、そしてぼくの四人旅となった。出発したのは九三年十二月八日。現地では、町議で反原発の闘士である阿部宗悦《そうえつ》さん（1926～2012）に案内をお願いした。

　3ちゃんは若い頃カツオ船に乗っていて、女川には何度も来ていた。今回の旅で町のさびれ具合に落胆し、「女川は発展している」とする中電の虚偽宣伝に怒り、あきれた。原発着工後、町の人口も漁業人口も減り続け、漁業は明らかに衰退していた。

　3ちゃんらと女川にいる時、古和浦に一大事が起きた。まだ決定されてもいない海洋調査のための補償金として、二億円が漁協に前渡しされることになったのだ。

　中電はまだ調査の申し入れさえしていないのだから、漁協が受け入れを決定できる道理がない。それでも覚書が交わされて、二億円が手渡され、組合員に百万円ずつ配られた。何もかも滅茶苦茶だ。

二億円の性質を考えてみてほしい。これから漁協総会において、海洋調査受け入れの是非を組合員の投票で決める。その前に、中電はカネを届けたのだ。これを「ワイロ」と言わずしてなんと言う。

中電の無法ぶりに唖然《あぜん》としたが、カネが動いたこと自体に驚きはなかった。二億円事件の何日か前の晩、中林勝男元専務理事宅を訪ねたら上村有三組合長がいて、三人で議論した。「原発、危険でしょ」と言うぼくに対し、上村さんは親指と人差し指で輪をつくり「危ないのはわかっとる。でもな、コレが要るんや」と言い放った。

降ろされた「原発阻止」の旗

「三〇年の恨みと怒りを中電にぶつけよう！」

「中電は人の心をカネで買うようなことはするな！」

九四年二月一〇日、中部電力の非道に対する怒りは、南島町民一五〇〇人のデモとなって名古屋の中電本店に押し寄せた。リードしたのは「南島町原発反対の会」の青年たち。本店へのデモは闘争史上初だった。

だが町民の行動を尻目に、古和浦漁協は二月二五日の総会において、三〇年堅持してき

1994年2月10日、南島町原発反対の会主催「芦浜原発阻止名古屋大会」。南島町民1500人が名古屋の中部電力本店に抗議のデモ。大会集会は白川公園で行われた。

1990年4月26日、大阪・鶴見緑地で開催されていた「国際花と緑の博覧会」会場で原発反対を訴える南島町「古和浦郷土を守る有志の和」の女性たち。左が小倉紀子さん。

南島町民1500人の抗議デモの日の中部電力本店玄関。

た原発反対決議を撤回。漁協の屋上に掲げてあった「原発阻止」の旗が降ろされ、「原発絶対反対」の大看板は外され打ち捨てられた。

小倉紀子さんは、引きちぎられる旗を見ながら、まるで明日原発が建つと決まったような思いに囚われて泣いた。

しかし、青年たちにとって反対決議撤回は織り込み済みであった。

「古和浦漁協は漁業権を持っているが、町全体から見れば今回の賛成票はたかだか百人にすぎない」(中村和人・原発反対の会事務局長)。やるべきは、南島町全体の闘争態勢のさらなる強化だと、町内すべての反対団体や個人を糾合する運動体の構築をめざした。

ところが、南島町長と交渉し「海洋調査絶対阻止宣言」を表明させた矢先、田川亮三知事は「調査受け入れの意向を持つ錦《にしき》と、古和浦の両漁協の海域なら調査を容認できる」と発言したのだ。同年十一月二八日のことである。

翌日、町幹部、町議会漁協、町民反対グループなど約一〇〇人が、県庁へ押しかけた。「在庁中の副知事に会わせろ」と詰め寄る住民の先頭に3ちゃんの姿があった。

住民らはその足で、中電三重支店へも抗議に向かった。

海洋調査申し入れ

その翌朝、あろうことか中電は古和浦漁協へ海洋調査を申し入れる。昨日の今日、である。町民の反対意思と願いをあざ笑うかのごとき仕業《しわざ》であった。

無線で知らせが入ると、「まるで陸《おか》で火事が起きたみたい」に、出漁中の漁船が一斉に帰港。東京へ出張中の稲葉町長も急きょ呼び戻された。午後四時過ぎ、役場前に約八〇〇人の町民が集まった。

午後八時、町ぐるみの反対組織「南島町芦浜原発阻止闘争本部」の発足が決まり、町長が本部長になった。挙町闘争体制の到達点であった。町内七漁協のうち、古和浦のみ加わらなかったが、3ちゃんは古和浦の理事として、本部の会議へ参加することになる。

状況は目まぐるしく動く。海洋調査申し入れの翌日、南島を苦しめ続けた張本人の田川知事が引退表明をする。記者会見で彼は「世の中は変わっている。変わっていないのは井の中の蛙だけ」と南島町民を揶揄《やゆ》した。

調査容認発言に重ねた侮辱に、闘争本部は県庁と中電三重支店への抗議を決めた。十二月七日、津市で町民二八〇〇名の集会とデモが行われた。有権者の三分の一がデモに参加し、まっすぐな怒りを為政者にぶつける町が、この日本にどれだけあろうか。

主戦場を闘争本部が担うようになってから、3ちゃんは何度か漁協理事を辞めようと思った。役員会では挙手しても指名されず、抗議しても不規則発言として無視される。出席のたびに喧嘩になるが、何をしようと大勢は動かない。腹立たしくやるせなかった。

「役員でおっても役に立たん、辞めたるか」妻の紀子さんに言った。

紀子さんにも、確かにそう願う気持ちはあった。しかし口を突いて出た言葉は

「そいでも推進派の動きを見張るんが3ちゃんの役目なんやで、辞めてしもたら相手の情報が入ってこんようになるよ」

心と頭はそれぞれ違う答えを出して、紀子さんの中でせめぎ合っていた。

無数の人びと、夫婦たち、家族たち。勇猛として語られる南島町民の、心の中で起きていた葛藤を想う。3ちゃんは理事に留まることを選んだ。

中電から調査の申し入れがあった以上、古和浦漁協はいつでも受け入れ決議を上げられる。臨時総会は十二月十五日と決まった。

ついに調査受け入れが決議されてしまうのか。紀子さんは胸が詰まる思いだった。

十、臨時総会を実力阻止

一九九四年十二月十四日。南島町古和浦漁協の臨時総会が、いよいよ明日に迫った。

中部電力はすでに同漁協に原発海洋調査を申し入れ、補償金前払いの名目で賄賂《わいろ》同然の二億円を供与している。三〇年間、反対を貫いてきた古和浦漁協は、三重県当局と中電の地元工作によって、今や推進派組合員が過半数を占めるまでになっていた。総会を開けば調査が決議されてしまう。そうなれば原発建設の阻止はほぼ不可能となる。

この日、町行政、町議会、町内漁協、住民団体による全町組織「南島町芦浜原発阻止闘争本部（本部長は町長）」は、実力阻止はしないと決めた。乱闘による惨事が危惧され、逮捕者を出せば反対運動の継続が難しくなる。

総会を開かせたら終わり

夕刻、ぼくは古和浦漁協事務所の建物と防潮壁に挟まれた道路上にいた。

3ちゃんが闘争本部の会議へ行っている間に、方座浦の反対派漁民五〇人ほどがやってきた。他の浦々からも続々と集まってくる。それまで古和浦に足を踏み入れることなく、外から見守り続けていた他地区の町民たちであった。厳寒の夜、ドラム缶に薪を放り込み、みなで焚き火を囲む。明日に備えて徹夜の警戒線を敷くのだ。集まった人びとの怒りのごとく、高々と火の粉が舞い上がった。

この寡黙な人びとも、闘争本部に所属する。しかし、町長、町議、組合長、団体代表らの「全体会」(という名の役員会)が総会の黙認を決めた瞬間、会議とは所詮自分たちからは遠い「お偉方たちの集まり」と見えたことだろう。

女たちはせめて温かいものをと、彼らにコーヒーや豚汁を届けた。紀子さんはお礼を言って帰宅するつもりでいたから、凍える夜にしては軽装であった。それがまさか、翌日の昼まで漁協前にとどまることになろうとは。機動隊が集落外に待機していると聞いて、家へ帰るわけにはいかなくなったのだ。

漁師らの思いはひとつだ。

「総会は開かせない。総会を認めるのは、原発を認めること。それは、命をかけて守ってきた家族や、大切な人びとの命と、俺たちの海をあきらめることだ。そんなことできるはずがない」

役員たちは、中部電力との土壇場の交渉を今どこかで続けているはずだが、人びとに甘い幻想はなかった。

古和浦の上村《うえむら》多恵子さんは、近所の磯崎淑美《としみ》さんに声をかけて、徹夜組のためにおでんを作って差し入れた。当然、二人も闘争本部の一員である。

「私らは、闘争本部とか頭になかったです。とっちゃん（淑美さん）とおでんを作りながら、これは個人として、母親としてやるんやでな、（総会を）絶対止めよやなって話してました」

女たちも眠れぬ夜を過ごすことになる。

決戦のときは、未明にやってきた。

機動隊がいる！

深更の漁協事務所前。日付は十五日になっていた。ふと何か嫌な予感を覚えたぼくは、一緒にいた度会町の廣《ひろ》達也さんの車で付近の「偵察」に出た。

凍てつく夜の底、古和浦の集落から、人も車も絶えた国道をしばらく走って脇道に入ったとたん背筋が凍った。人気のない道路わきに、明かりを消した警察車両が延々と連なっていたのだ。

車列の横を通り過ぎながら、胸の内がスウーッと冷えていく。明かりはなかったが、黒々とした人影らしきものが時おり車内に見えた。

漁協前に戻るや、方座浦の漁師たちに報告した。

「機動隊がいました。来ますよ」

みな一様に無言だった。覚悟はできてるさ、と言っているかのようだった。

漁協に近い家々には、古和浦の青年や女性たちが詰めていた。ぼくは磯崎淑美さんや磯崎美恵子さんに警察のことを伝えた。夜食を配り終わって仮眠をとろうとしていた上村多恵子さんは、淑美さんの電話に起こされ、あわてて漁協前に戻った。

夜を徹して座り込む人びとが増えていた。

夜明け前、漁協前の道は数百人の人であふれかえった。県内ほか、和歌山や大阪からの一〇〇人ほどの見知った市民の顔もあった。

漁協事務所の中は無人で、人垣の向こうの玄関はシャッターが下ろされたまま。向かって右、北方向に集落があり、その先に他地区とつながる国道が走る。そちらから人びとが陸続と押し寄せてくる。

南方向へは、漁港に沿って道が伸びる。その先に機動隊がいる。

警官たちは、夜明けの薄闇をついて整然とやってきた。漁協前まで進んだ機動隊約二〇

○人の隊列は、その場で人びとと対峙した。

海の男たちは、漁協の建物を背に立ち並ぶ。その前に幾重にもなって女たちが座り込んだ。女たちには、男たちを逮捕させまいという決意があった。

群衆の中、女性陣の後方にいたぼくが振り返ると、居並ぶ男たちの面魂。眼前には女たちの背中。それらが、「絶対止める」と語っていた。

公立高校の教員である自分が、官憲を向こうに回して座り込んでいるのだな、との思いがふと頭をよぎった。

若い警官が泣いていた

夜が白々と明け始めた六時頃、組合長ら推進派組合員がやってきて、人垣を割り漁協玄関に向かおうとした。人びとは立ち上がり「帰れ、帰れ」の声を上げて押し戻す。

町長、町議、漁協幹部ら闘争本部役員が、座り込みを解くよう説得する。それに反論する住民。警察の指揮官が座り込みをやめて立ち去るよう呼びかけるが、その声も群集の「帰れコール」にかき消された。

七時前、機動隊が住民の排除を始めた。

1994年12月15日、古和浦漁協前に座り込む南島町民を排除しようとする警官ら。写真提供／中日新聞社

古和浦漁協事務所前。漁協総会開催を阻止するために南島町民約2000人が集まった。

「やめろ！」叫び声が上がる。大声で抗議する者、警察官を説得しようと語りかける人がいる。

「警官が泣いていた」という話は、後日よく耳にした。ぼくは最前列の背後で人に揉まれていて気づかなかったが、このとき機動隊員の何人かは泣いていたという。

若い警官の身になれば、無理もない。そこにいるのは、自分の母親や祖母とかわらぬ普通の人びと。母や祖母が、子や孫を守りたいがために、必死になって体を張っているのだ。人を守るという誇りある職業に就いたはずの我が身は、いったいここで何をしているのか。心ある者なら、何かを感じて当然であろう。

そんな心の動揺はお構いなしに、警官たちは座り込んだ者たちを一人、また一人と引っこ抜いてゆく。一体この南島町民たちが何をしたというのか。

放射能を発生させ、悪水を漁場に垂れ流し、事故に到れば〝死の街〟を作り出すほかない原子力発電所。それをわが町に建てると余所者《よそ》に勝手に決められ、秘密裏に用地を買われてしまった。建設への既成事実が強引に作られ、地元住民の意思が聞き取られることは一切なかった。

南島町民は、反対意思を表明し続けてきた。長い長い歳月、世代を継いで丹念に、民主主義に則ったあらゆる手続きを踏んで。人びとの内に在ったもの。それはただ静かに幸せに暮らしたいという、ささやかな願いだけであった。

一八時間座り込みの果てに

機動隊による強制排除のさ中、「キャーッ」と悲鳴が聞こえた。座り込みの前列で誰かが倒れたようだ。立錐の余地もないかに見えていたが、警官たちが急に数歩退いたので丸い空間ができた。地面に倒れている人が眼に入って、ぼくは度を失った。

土色の顔をしかめて、胸を押さえたまま動かぬ人は、義母（72）だった。ぼくは、わずか九カ月前に元方座浦漁協組合長の義父（享年76）を亡くしたばかり。同じ年の暮れなのだ、今日は。「待ってくれ。義母《はは》まで連れて行くのか。やめてくれ」

駆け寄りながら、心の中で何者かに必死に懇願したのを今も鮮明に覚えている。

義兄の軽トラの荷台に義母を乗せると、診療所へと急いだ。待合室に随分長く居たような気がするが、ほんの二、三〇分だったのかもしれない。医師から大丈夫ですよと言われ、胸をなでおろした。あとを家族に任せると、すぐに漁協前へ引き返した。

抵抗する町民の数は二〇〇〇人にふくれあがっていた。

なんにせよ、機動隊が手をかけた年配女性が倒れ、病院に運ばれたのである。それ以降、警察は動きかねていた。闘争本部役員が、逮捕者を出さぬよう座り込む人びとに再び解散を呼びかけた。中電との間で「調査を決定しても、町民の同意なしに実施はしない」との約束を交わしたとも説明した。

「逮捕者を出すわけにはいかんのや。もうやめて」漁協役員は泣きながら頼んだ。町長や一部の町議らも「絶対（調査は）やらせません。解散してください」と土下座して懇請した。

それらの声に、多恵子さん、淑美さん、美恵子さんらが叫び返す。

「私らには、子供を守る責任があるの！」

「（中電にも県にも）今まで騙され続けたんや。もうだまされへん！」

「どれだけ苦しめたら、気がすむんや！」

「原発さえ出てったら、簡単に済むことや！」

「退《の》かへん！（総会は）絶対に開かさん！」

住民たちの眼には涙があった。

怒号の飛び交う中、警察と推進派による強行突破が再び試みられたが、町民の力がそれを圧倒した。漁協への道はついに開かれることはなかった。

推進派組合長は開会を断念、流会が決まった。時計の針は午前十一時を回っていた。人びとが座り込みを始めてから、すでに一八時間が経っていた。

後日談である。ある日の午後、義母が方座浦の家で洗濯物をたたんでいると、茶の間のガラス戸ががらっと開いて、反対派青年たちのリーダー小西啓司《けいし》さんの人懐っこい笑顔が覗いた。

「おばやん、おおきんな（ありがとう）」

それだけ言うと、ガラス戸は閉じられた。どうやら啓司さんは義母のことを、突然倒れることで機動隊を退かせ、結果的に総会を流会に追い込んだ「立役者」と目したらしい。

義母・平賀志《し》げは九七歳まで生きて二〇一九年春、永眠した。

十一、原発いらない県民署名運動

あれは「命の署名」だった――。

一九九五年から翌年にかけての県民署名運動を振り返ると、その思いが湧いてくる。南島町民は、命がけだった。それは人びとが何よりも守りたいと願った、子供たちの命と未来のための行動であった。

南島町による原発反対県民署名運動を率いたのが、町の歯科医・大石琢照《たくてる》さんだ。

大石さんは、公衆衛生に携わる自分は、政治的問題に関わるべきでないと考えていた。考えが変わったのは、推進派漁民によって、歯と肋骨を折られた反対派の漁師を治療した時だ。ケガが暴行によるものであることは一目瞭然。大石医師は警察への告発を勧めたが、その漁師さんは、警察は推進側(体制側)なので意味が無いと言う。信じがたい話だったので、診断した医師として警察へ相談に行くと、まったく相手にされなかった。そのとき、大石さんには町民が晒されている試練が初めて見えた。

何かとてつもなく大きなものと戦わねばならないと、大石さんが観念した瞬間だった。

「原発って、そういうことなんや。権力って、こういうもんなんや。俺は、ぜんぜん知らんだ」

一九八八年、大石先生、三一歳の春であった。

原発を止める決定打は

九四年冬、南島町民は海洋調査を受け入れるための古和浦漁協総会を実力阻止した。調査は原発建設に直結するからだ。

その渦中、慌てふためいた中部電力は「総会で調査を決めても、町長と（他の）町内漁協の同意なしには実施しない」と約束した。流会直後、住民組織・漁協役員・議会・行政でつくる町闘争本部は、これを町と中電との正式の協定（確認書と覚書）とした。

①中電は総会で調査が決まっても、町長と町内六漁協の同意なしには実施しない。

②町と中電は話し合いのテーブルにつく。

③中電は立地工作を休止する。　という内容であった。

本部は、この協定を根拠として、すぐに次の手を打った。海洋調査には、有効投票の三分の二以上の賛成が必要、とする町民投票条例を制定したのだ。同時に、これまでの原発建設に関わる投票条例も、「過半数」を「三分の二以上」と改定した。

これで当面の危機は回避されたが、中電が協定を守る保証はなかった。

「一時は守ったとしても、いずれ古和浦と同じように、金と権力で六漁協を切り崩してゆくに違いない。我々は今、崖っぷちにいる」

それが、大石琢照医師と闘争本部役員たちの認識だった。

原発を止める決定打は何か。大石さんらは考えあぐねていた。

五〇万人の署名を集めよう

こんなことがあった。春のある日、ぼくは紀勢町錦《にしき》から車で南島町方座浦《ほうざうら》に向かっていた。すると古和浦の入口で、磯崎正人・古和浦有志会代表がやってくるのが見えた。車から降りて、立ち話をした。

「柴原さん、闘争本部でな、県民の署名を集めよやということなんやが、あんた、どう思うな?」問われて初めて、ぼくは本部での議論を知ったのだった。

「南島が署名をやるなら、ぼくら(市民)は、全力で協力させてもらいます」とお応えした。

磯崎さんと別れてから、今度は方座浦に入る道で、軽トラに乗った町内青年反対派のリーダー小西啓司さんに出くわした。車を停め、お互いに開けた窓ごしにしゃべった。小西さんの切り出した話題も、署名についてだった。

「あんた、どう思うな?」

署名は反対運動の決定打となるのか。南島の人びとは思案をめぐらせていた。本部役員では、古和浦漁協の小倉正巳理事(3ちゃん)が、以前から署名運動を提案していた。議論の中で磯崎さんが賛同した。戦いの最前線である古和浦の、二大リーダーの主張がそろったのだ。これで方向は決まった。

「で、どんだけ集めたらええんや」

当時、初当選した北川正恭知事の得票数を問う者がいた。約四七万票である。結局、五〇万を目標とすることになった。県内有権者数は一四二万人。その三分の一超だ。

大石先生は不満だった。署名に意味があるとすれば、過半数しかないではないかと。確かにそうだが、闘争本部としては五〇万で合意していた。

とはいえ尋常な数ではない。有権者の約三五%だ。

この目標を最終決定した会議には、県内の労働組合の代表者たちや、ぼくを含め市民団体の代表らも参加していた。

画期的なことが起きていた。三〇年間、外部の支援を断って孤高の戦いを続けてきた南島町が、闘争史上初めて、町外に、県民に、協力を求めているのだ。その「命がけ」の思いが胸に迫った。

大石さんを実行委員長に

闘争本部役員会で、大石医師は「署名集め実行委員長」を依頼された。

「町外へ出てって、しゃべりかけて、頭下げては、わしら漁師にはできん。そやから先生、あんたに頼む」。3ちゃんが言うと大石さんはこう答えた。

「権限をくれるならやってもええよ。その代わり〝仕事しとる暇あったら、署名集めてこい！〟って言うぞ。それでもええか？」

とたんに、機動隊を打ち負かした海の勇者たちが「ええ、ええ」とうなずく。

かくして、あっさり委員長就任とあいなった大石さんが〝ある決意〟を固めていたことを、このときはまだ誰も知らなかった。

署名は、知事に芦浜原発計画の破棄を、そして県議会議長に芦浜原発立地調査推進決議の撤回を求めるという、簡潔明快なものにした。

三重県の民意が、芦浜原発反対であるという素朴な確信があった。署名によって三重県民の「原発はいらない」意思を示して政治を動かすこと。それが最後の手段だった。

運動名は、「三重県に原発いらない県民署名　芦浜原発三三年終止符運動」と名付けられた。署名提出予定の翌年となる九六年は、反対運動開始から三三年目。南島の覚悟が示されていた。

正直ぼくには戸惑いがあった。南島は三〇年以上苦闘してきた。県民署名が必要であれば、県民こそが率先して集めるべきではないか。なぜ市民も労組も、それをまた南島町民に背負わせるのか。自らの無力を恥じたが、やれることをやるしかない。市民側による署名運動の全県的な体制づくりを急いだ。

まずは「『原発いらない』三重県民の会」「名もなき小さな会」などに拠る市民と、「県民署名市民ネットワーク」を立ち上げ、各市町村に拠点(地域署名センター)を作った。センター(個人宅でも、連絡先として機能すればいい)を担う個人は、名前と住所と電話番号を公開する。みんな抵抗を覚えるのではないか、という心配は杞憂であった。誰もがふたつ返事で引き受けてくれた。涙が出るほど嬉しかった。

こうして県下四四市町村(当時三重県は69市町村)に、六〇のセンターが設置された。

半年がかりの署名集め

九五年十一月十二日、署名運動はスタートした。

南島町民はそれから半年間、日曜日ごとに各漁協が分担し、大型車に相乗りして県内各都市へ出かけた。毎週、二〇〇から五〇〇人の町民が動いた。郊外型ショッピングセンターの駐車場に立って買い物客に呼びかけたり、巨大団地を戸別訪問して署名を集めた。

行動の日の大石さんの役割は、紛争解決人だ。

ショッピングセンターでの署名活動には事前許可を取っていたが、社内の行き違いでもあったのか、担当者が止めに入ることがあった。すると、すかさず大石先生が交渉に出る。終始にこやかに「そこを、なんとか」などと押し問答している間に、女性たちや青年漁師たちはさっさと署名を集めてしまうのであった。

J社のショッピングセンターでは、もう少し強硬に突然の不許可を言い渡された。それでも大石委員長は明るく対応する。

「わかりましたー、帰ります。ところで、署名結果発表の記者会見では、『〝J社などの妨害もありましたが〟これだけ集めることができました』と言わせていただきますね」

すぐに許可が下りた。

ガードマンの皆さんがやってきて、若い漁師たちを排除にかかったことがあった。彼らのプライドと屈強な筋力を身近で知る大石先生だ。その彼らが、体に手をかけられてもまったく抵抗しないどころか、にこにこ顔で目の前を連行されてゆく。署名委員長として自らが指示した非暴力・無抵抗を絶対に守ろうとする若者たちの心情を想い、溢《こぼ》れそうになる涙を、大石さんはかろうじてこらえた。

現場へは漁協が仕立てたバスで向かうこともあり、その費用は漁協と町の予算から支出された。三教組や自治労と協同行動することもあった。特に三教組は、労組では最多の署名を集めた。

町民にとっては生業と同じく、肉体を酷使して挑み続けた半年間の勝負だった。

河芸町の橋本光子さんが、「いらない会」の会報に書いている。

「こんな運動は初めてだった。今まで我々市民グループの運動の舞台だった津や四日市に、南島町の人たちが出て来て、たちまち何千もの署名を集めてしまう。南島町パワーに圧倒され続けた半年だった」

有権者の過半数を達成

九六年五月三一日朝、役場前に人びとが集まってきた。署名収集は目標を達成し、それを知事へ手渡しに行く、その出発式が行われるのだ。

役場前の広場には一〇一個の段ボール箱の山ができた。もちろん中身は署名簿の束。玄

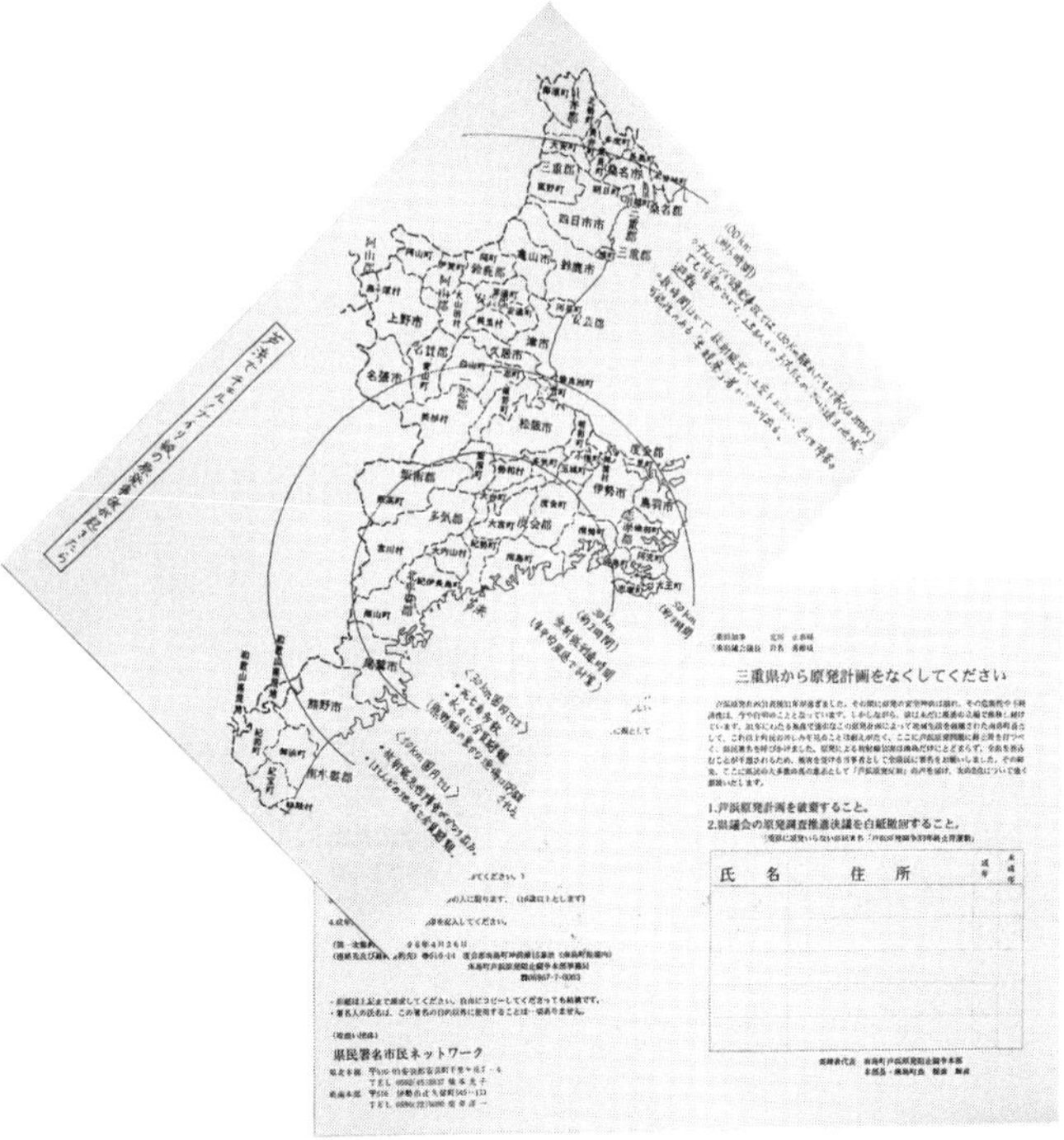

三重県から原発計画をなくしてください

1.芦浜原発計画を破棄すること。
2.県議会の原発調査推進決議を白紙撤回すること。

氏　名	住　所

県民署名市民ネットワーク

県民署名の用紙。裏面には芦浜でチェルノブイリ級の原発事故が起きた場合の影響がわかる地図を配した。

南島町役場前に積み上がった101箱の県民署名を県庁に届ける朝の出発式。玄関口に闘争本部役員が立ち並ぶ（1996年5月31日）。

1996年5月31日、三重県庁に署名箱を積み上げる、署名集め実行委員長の大石琢照さん。

1996年5月31日、三重県庁にて「三重県に原発いらない県民署名」を
北川正恭知事(右)に手渡す稲葉輝喜南島町長。

関の階段には、闘争本部役員らが立ち並んだ。ぼくも市民ネットワークを代表して、その中にいた。

署名総数は、このときまだ公表されていなかった。みんなは、五〇何万か、いや六〇万に届いたかも、と期待して発表を待った。数字が書かれた横断幕は、巻かれたままだった。大石委員長が発表に立つと、数字が高々と読み上げられ、横断幕が広げられた。

「八〇万人 署名達成!!」

総数は八一万二三三五人。三重県有権者の過半数を遥かに超えていた。〝過半数達成〟こそが、この瞬間まで大石さんが秘かに抱いていた決意であった。

信じがたい数に、どよめきのような歓声と拍手が沸き起こった。

未成年者の分が五万八二〇九名あったことは特筆しておきたい。成人の署名数は七五万四一二六名。これだけでも県内有権者の五三%だ。実質的に、芦浜原発の是非を問う県民投票に等しいものだったといえよう。

南島町民と三重県民の、願い、汗、涙、そして命そのものが込められた署名は、いつもは魚を運んでいる保冷車に積み込まれ、津の県庁に届けられて、町長の手から北川知事に手渡された。

この重い重い贈り物が、命ある未来への道を切り拓くことを願って。

十二、八一万署名が政治を動かす

闘争は大詰めを迎えた。

県内有権者の過半数八一万筆を集めた「三重県に原発いらない県民署名」が一九九六年五月に提出されてから、九九年末までの三年半余という日月《じつげつ》を経て、芦浜原発問題はようやく終結に向かう。

「え、三年半って。署名提出から決着まで、そんなにかかったんですか。なんで？」

芦浜闘争史を初めて聞いた若い世代は、こう訝《いぶか》る。原発計画をやめるという民意は、県民署名によって確かに為政者へ届けられた。なのになぜ、すぐにでも原発計画を破棄しないのか、という率直な疑念だ。他方、まことに物分かりのよい大人たちが「知事や議員も、そう簡単にはやめられんわなあ」他人事のごとく宣《のたま》うのとは対照的である。

「知事や議員」を、南島町民が動かすのにかかった時間。それが三年半だが、政治家たちに誠実さと優しさと勇気があったなら、必要のない時間であった。これはなにも芦浜に限った話ではない。

初の四者会談

「四者会談」の開催は、古和浦漁協総会阻止後に南島町と中部電力が結んだ協定で決まった。町と中電の二者の会談ではあるが、協定締結に仲介者として署名した県当局と県漁協連合会も同席したため「四者」の名が冠された。

三〇年以上におよぶ芦浜問題で、南島町が中電とのテーブルにつくのは初めてであり、会談の開催は中電の得点といわれたが、本当にそうだったか。

町側は、協定に書かれた「中電は、…一年間の冷却期間を設け、立地交渉員の活動を休止する」に基づいて、中電工作員の町外退去を求めた。しかし中電は「休止は交渉員の撤退ではない」と主張。会談は入り口で足踏みを続ける。「原発拒否」の町方針はもちろん不変だ。南島代表団は是々非々の原則的対応を淡々と維持するだけだった。

「向こうは原発をやりたい。こっちはやらせない。会談をやっても、これ以上進まないことは分かってたんでね。相手はどんな話をするのかと、むしろ面白かったですよ」

町代表団を務めた橋本剛匠町議の泰然たる言である。

重い腰をあげた県議会

南島町芦浜原発阻止闘争本部（南島町長が本部長）は、県民署名の要求通り知事には原発計画の破棄を、そして県議会には「芦浜原発立地調査推進決議」の撤回を要望し、議会各会派との交渉を開始した。

県民署名市民ネットワークに参加した市民たちも同趣旨の要望書を知事に渡し、県原発担当者との交渉、各県議への意識調査や陳情等、南島町に遅れじと手を打った。

このときの県議会勢力図を見ておこう。議員数五三。自民党二一、知事与党たる県政会（新進党系）一六、県民連合（社民党、三重県教職員組合など）一四、共産党二。

これを昔懐かしき保守・革新という対立軸で見れば「自民・県政会」VS「県民連合・共産」となる。もちろん、後者が原発反対の立場だ。県政の与野党で分ければ、「県政会」VS「自民・県民連合・共産」。自民党は知事野党であった。三つ巴、あるいは三すくみ。この微妙な勢力関係に、南島町は「署名の力」で切り込んでいった。

計画破棄・決議撤回へのステップとして、まずは「計画凍結」の請願を提出する方向で会派と交渉。これが提出されれば、県議会は審議して採否を決議しないといけない。万が一否決されたら南島の痛手は大きい。勢い、交渉は慎重にならざるをえなかった。

請願提出には紹介議員が必要だ。九六年末、最大会派の自民党が紹介を見送った。第三勢力の県民連合だけで不採択となっては元も子もないため、県民連合も紹介をとりやめた。自民党県議たちは、民意を無視したわけではない。県議団に芦浜問題の検討委員会を設置したうえで現地調査に赴き、九七年一月、南島と紀勢、両町の住民から聴き取りを行っている。県民連合も同様の調査を行った。芦浜計画の公表から三四年目にして初めて、県議団が正式に現地調査に入ったのだ。

それにしても、と思う。行政も政治も「地元の同意と協力」が電源立地の大前提だとしてきたにもかかわらず、地元の実情を直に聴き取りに入るまで、これほどの歳月が流されたとは。そこには、県民署名に目を覚まされるまで、原発計画地の住民と本気で向き合おうとしなかった為政者の姿があった。

地域破壊を認めた県自民党

九七年二月一四日、自民党県議団は、地元聴き取り調査の結果、県議団長自身の手になるものと言われる瞠目《どうもく》の「見解」を発表する。

「一九六三年以来、三四年間に及ぶ推進派と反対派の対立は、人間相互間の不信感を募らせ、もはや地域破壊の様相すら呈し」ていることを「率直に認識するに至った」としたのだ。そして、「九九年末までの間、冷却期間とする」「県は、中電に対して、冷却期間中、現地での立地推進行為を休止するよう指導する」「県は、（原発問題を）早期に決着させるよう努力する」ことを知事に要請したのである。

ご記憶であろうか。ぼくたち市民による九二年の新聞意見広告が、まさに「地域破壊」の告発であった（P98）。南島町民も、反対派市民も、原発が計画段階から地域の人間関係を破壊していく事実を訴え続けてきたのだ。

自民党県議団によるこの見解は、文字どおり画期となった。本来は推進派であった自民党県議の中枢は、このとき芦浜原発計画中止で腹を括《くく》ったのではないか。

「国政レベルでの党方針が原発推進とはいえ、個々の地方の実情は尊重されねばならない」（西場信行県議）とする良識の声が、県自民党内にも確かにあった。中心的な県議の間では、すでに芦浜原発から撤退の論理が模索されていたのではないかと、ぼくは睨んでいる。

省みれば、そもそも県と中電の地域破壊工作を後押ししたのが、県議会の芦浜原発調査推進決議であること。自民議員であれ三教組系議員であれ、八五年当時、大多数の県議がこの決議に加担していたこと。それを、南島町もぼくら市民も、忘れてはいなかった。

しかし県議の交代も進み、何より「県民署名以後」の県議会なのだ。

1985年6月1日、南島町役場前で「中部電力に会うな!」と町長に詰め寄る町民たち。

1993年1月17日、芦浜闘争第3世代主催の闘争史上最大のデモ。
右がのちに「県民エネルギー調査会」の委員を務めた中川徹さん。その隣が筆者。

1988年5月13日、鳥羽市文化会館での広瀬隆講演会。
この月、広瀬さんは県内7会場で講演ツアーを行った。

三会派ともが議会質問で原発をとりあげたが、反対論と慎重論はあっても、推進論は一切出なかった。県議会の空気は、地元の混乱を憂い、冷却期間を示唆するまでに変化していた。

冷却期間入り

闘争本部は、「冷却期間を設け、早期決着」を求める請願文を自民党との協議で確定する。その内容は、自民見解をそのまま踏襲したもので、かつ強い調子を帯びていた。県への命令に等しい文面を読まれたい。

○三重県は、芦浜原発設置問題を一九九九年末までの間、冷却期間とするよう関係者を指導すること。

○三重県は、中部電力に対して、冷却期間中、現地での立地推進行為を休止するよう指導すること。

○三重県は、冷却期間中において、中立・信頼のうえに立って、芦浜原発設置問題についての実情調査を独自に行い、（中略）本問題を早期に決着させること。

九七年三月二一日、三重県議会本会議は、南島町の請願を全会一致で採択した。それを、町長ら闘争本部役員と住民たち一二〇名が傍聴した。請願の一字一句が、南島町民の叫びであった。

「知事よ、現地に来て見ろ!」

芦浜問題の早期決着が、北川正恭知事に課された。

七月八日、知事は中部電力副社長と南島・紀勢両町長を県庁に呼んで、九九年末まで冷却期間を設けるよう正式に要請。当初、抵抗の姿勢を示した紀勢町長も最後には折れた。三者の同意が揃って同日、二年半の「冷却期間入り」が決まった。

これを受けて、両町から中電の工作員が引き上げた。大学教員など有識者による県エネルギー問題調査会が発足した。地域活性化のために研究会も設けられた。芦浜原発決着に向けて、知事が自身を追い詰めていったのである。

県民署名の力を背景とした南島町が、ついに政治を動かしたのだ。

脱原発全県ネットワーク発足

町闘争本部は、全県的な反原発運動を展開しようと県民組織「脱原発みえネットワーク」の発足を決めた。県民署名運動を率いた大石琢照さんが代表に決まり、市民側からぼくが事務局に入った。

九八年四月、作家の広瀬隆さんを記念講演に迎え、伊勢市で設立総会が開かれた。県民署名活動でつながった各地の市民グループが母体となり、募った個人会員約五〇〇人体制からの出発だった。ニューズレター「はまなつめ」が発刊され、会員をつないだ。ネットワークの初仕事として、県エネルギー問題調査会の向こうを張って「県民エネルギー調査会」を立ち上げた。

県の調査会は、有識者委員が毎回専門家を招聘して、一〇回ほどレクチャーを受けて討議し、知事に意見書を提出する手はずだった。早期決着に向けて動き出した北川県政ではあったが、情けないことに、専門家の人選を原発推進のシンクタンクである社会経済生産性本部（現・日本生産性本部）に丸投げしていた。行政の度し難さ丸出しである。

ぼくらの県民版エネ調では、原子力資料情報室の西尾漠さんや、名古屋の「きのこの会」の中川徹さんらを委員に迎えて公開調査会を開催。県調査会の議論を分析・批判し、市民からの提言を行った。

冷却期間が終わる九九年を迎えた。九月初旬、北川知事は一〇日間の原発海外視察のため欧州へと向かった。同月末、茨城県東海村の民間ウラン加工施設で「臨界事故」が発生、被曝による死者を生む大惨事に至った。

臨界事故からひと月と経たぬ十月下旬、闘争本部に大きな知らせが入る。「北川正恭知事が十一月十六日、南島・紀勢両町に入り、原発賛否両派の住民から直接、聴き取り調査を行う」と。

冷却期間の終了まで約二カ月。一九六三年の芦浜原発計画公表から、丸三六年が経とうとしていた。

十三、三七年間の戦いが終わった

「その日」は、ついにやってきた。

二〇〇〇年二月二二日の午前、定例県議会本会議。北川正恭三重県知事が特別に発言を求め、芦浜原発にかかわる知事見解を表明した。

「…芦浜原発計画について、電源立地にかかる四原則三条件の地域住民の同意と協力が得られている状態とは言い難く、この計画の推進は現状では困難であると言わざるを得ません。よって同計画については、白紙に戻すべきであると考えます」

中電、ついに芦浜を断念

終わった。三七年間におよぶ長い戦いの日々が、いま終わった。

南島町民が夢に見た瞬間であった。名もなき庶民が世代を継いで、国家という強大な力に抵抗し続けた歳月の末、ようやく手にした大勝利だった。

歓声と拍手に満たされる議場。傍聴席を埋めた一二〇人の南島町民は、しばし言葉を失い、泣き、笑い、あるいは呆然とした。

三七年間を戦い続けた磯崎正人・古和浦有志会代表は、傍聴席後ろの通路でぼくに言った。

「柴原さん、ほんとかいねえ、ほんとかいねえ…」その顔は涙で濡れていた。

彼は一九六六年の「長島事件」で逮捕、有罪となった漁民「古和浦二五人衆」の一人だ。

勝利の日、磯崎さんの胸に去来していたものが何であったか、ぼくは聞きそびれたままになった。

同日午後、知事表明をうけて中電社長は会見を開き、芦浜原発計画断念を公表した。

ほんとうにすべてが終わったのである。

六三年の公表以来、地元を翻弄し続けた原発計画。

当時はまだ、日本で原子力発電所が一基も動いていなかった。世は高度経済成長期のまっただ中。同年に名神高速道路が一部開通し、翌年の東京オリンピック年には新幹線が走り始めた。右肩上がりの電力需要を見越して、電源開発への圧力が高まる日々、「夢のエネルギー源」として期待され、国を挙げて進められた原発立地計画。しかし熊野灘漁民は敢然と抵抗に起ち上がり、南島漁民が先頭に立って戦い継いできた。

ぼくは津の議場から伊勢の自宅に戻ると、全国の反原発市民が参加するメーリングリストを通じて朗報を発信した。

「三七年間におよぶ現地住民の戦いは、ついに勝利をおさめました。今日からは、日本のどこであろうと住民の意思に反して原発を建設することは不可能になりました」

地元知事の決断によって原発計画が破棄。それは、この国の歴史において初めての事態であった。そもそも北川知事は、国策たる原発を支持する立場を表明する政治家ではなかったか。それがなぜ、原発を止める英断にいたったのか。

その答えを知るには、時間を三ヵ月遡ってみるといい。知事自らが、南島と紀勢の両町へ「実情調査」にやってきた九九年十一月十六日に。

知事さん助けて

実情調査とは、両町の住民一〇五人からの意見聴取だった。県知事が地元にきて住民の意見に耳を傾けるのは、計画公表から三七年目にして初めてのことだった。

事前に南島町芦浜原発阻止闘争本部から、町民に意見聴取会への出席要請が送られた。古和浦の小倉紀子さん、磯崎淑美《としみ》さんにも届いた。南島の全出席者五九人中、女性は二人だけ。淑美さんには、言いたいことがいくらでもあった。紀子さんは、伝えるべきことをメモし、原稿にして何度も推敲《すいこう》を重ねた。

知事の前に座った人びとが、痛切な思いを順に訴える。知事は口を強く引き結び、睨《にら》むように相手を見つめ、じっと聴き入ってメモをとった。

紀子さんは、いざ自分の番が回ってきたら頭の中が真っ白になった。苦労してしたためた原稿のことは忘れ、日々の生活と思いをそのまま語った。

頼みもしない宅配便が毎日届くこと。無言電話は数知れず。日に何十通も来る怪文書には「殺すぞ」の文言が。警察はとりあってくれない。母親は子供に「あの子（対立側）と遊ぶな」と教える。こんな悲しいことはない。元の平和な古和浦に戻してほしい。

「知事さん、助けてください」懇願が口をついて出ると、思わず涙があふれた。

淑美さんは、対立派の誰かが亡くなると「一票減った」と喜んでしまっている自分の心の内を、包み隠さず話した。

漁協役員の車を見れば、「事故を起こせばいい」と呪い、親の真似をして「中電、死ね」と工作員に向かって叫ぶ子供たちについても。人として恥ずかしいことやと分かっていま す、と正直に知事に告白した。原発立地が進んでいかないよう願えば願うほど、自分はそうなっていった。知事さん、こんなことでいいのでしょうか、と。

二人とも、目の前に座る知事の眼に、涙が浮かぶのを見た。

1996年5月31日、南島町役場。81万県民署名を県庁へ届ける出発式で、
市民ネットワークを代表して挨拶する筆者。立ち並ぶのは闘争本部役員。

2018年3月11日、「さようなら原発 三重パレード」の集会には1000人超の市民が訪れた。
撮影用ドローンに向かって原発反対のプラカードを掲げる参加者。写真提供／実行委員会

1986年10月18日、南島町の女性700人が町長に原発反対の要望書を提出。
この日のデモと要望行動を見守る東一弘・方座浦有志会代表。

2017年7月21日、南伊勢町栃木竈。臨海実習で訪れた中学生に芦浜闘争の
話をする古和浦の小倉紀子さん。撮影／月兎舎

幻となった大集会

知事に課された「芦浜問題早期決着」という重い命題。二月の県議会で、何らかの見解発表が予想されていた。南島町にも、ぼくら反原発市民の側にも、できることはもう多くはなさそうだった。

それでも闘争本部は、最後の知事への圧力として、意思表示を尽くしておきたいと考えた。二月二日、それまで延期していた海上デモではなく、知事のお膝元、津市での大規模な集会とデモの実施を決めた。期日は二月二五日。知事の表明を、二二日から始まる県議会会期の最後と予測してのことである。

労働団体と市民にも協力を求めた。多くの市民は、南島町の人びとと共に歩けることを心待ちにしていたことだろう。それまでは現地の運動に「混ぜて」もらっていただけだが、今度は「正式」に参加できるのだ。

ところが、闘争本部は日にちを読み違えた。知事は会期末ではなく、会期初日に白紙撤回を宣言したのだから。二二日の晩、本部はデモと集会の中止を決めた。

実施されなかった大集会のプログラム案が手元にある。十一名によるリレートークの発言予定者名を見るだけで胸を打たれる。

浜地初男・元神前《かみさき》漁協組合長は「七人の侍」の一人。六〇年代、田中覚知事に「知事さん、刺し違えましょか」と迫った。

西脇八郎・元古和浦漁協組合長。長島事件のとき、古和浦船団の先頭にいた人だ。

富田英子・古和浦郷土を守る有志の和初代代表。第二世代の戦いは女性の戦いでもあったが、富田さんはその先鞭《せんべん》をつけた。

西村秀弥・紀勢町錦《にしき》海を守る会代表。この人選！　南島町は紀勢町反対派への敬意を忘れていない。

森岡宏さんの名があったことを失念していたぼくは、改めて見返して驚いた。元高校教師で、熊野原発反対闘争の中心人物だった一人である。

平賀大蔵《だいぞう》・海の博物館館長（当時は学芸員）の名もある。「七人の侍」時代の方座浦漁協組合長・平賀久郎と志げ（ぼくの義父母）の長男で、有志会を支え続けたわが義兄《あに》だ。

そして、ぼくらの「『原発いらない』三重県民の会」のリーダー坂下晴彦さん。東《あずま》一弘、三浦和平《かずひら》、小西啓司、大石琢照という闘士らの名前もあった。

彼らの出番が幻となったのは残念だが、まさに嬉しい誤算であった。

原発を止めたのは南島町民

芦浜原発の白紙撤回（事実上の）を読み上げながら、北川知事は〃長年にわたって苦しみ、日常生活にも大きな影響を〃の部分で一瞬、声を詰まらせた。泣いていたのである。後に、いくつかのインタビューでこのことを尋ねられると、知事は「年ですねえ」と照れた。

小倉正巳さん（3ちゃん）は、住民代表として知事と対面したことのある妻・紀子さんと磯崎淑美さんに言った。

「オレはな、原発止めたんはお前ら二人やと思とるよ。知事さんはな、ふれあいセンターで色の黒《くうろ》いおばやん二人が泣きながら訴えとったんを思い出したんさ」

方座浦有志会代表の東一弘さんは、こう振り返る。

「やってきたことに対して、間違いなかったたって気持ちやったなあ。北川さんの腹は、南島に来たときに決まったんやと思っとるよ。こっちは若いし、あっちは年寄りやし、わしらを見る知事の顔色、ぜんぜん違《ちご》とたんな」

闘争本部幹事長だった野村道夫町議は、知事発表から三日後に全国の支持者へ私的な礼状を送っている。

「…傍聴していた一二〇人の反対派住民の拍手は止みませんでした。私も思わずこみあげるものがございました。町民三七年の悲願はあっけなく三重県知事の英断で達成できました。うれしいかぎりです」

確かに、知事の英断ではある。今でも「芦浜（原発）は、北川さんが止めてくれた」と言う人は多い。それは間違いではないし、北川さんへの感謝の念は変わらない。しかし、ぼくとしては「南島町の人びとが止めてくれた」「南島町民こそが北川知事に決断を促した」というのが自然な結論である。ここまでの歳月を共に辿ってもらった読者には、分かっていただけるだろう。

なぜ南島町民は三七年間も戦い続けられたのか。ぼくらは、彼らの戦いから何を学ぶべきか。それは次の最終章で振り返りたい。

八一万県民署名運動を率いた南島の歯科医・大石琢照さんが話してくれた一本の電話のことを記しておこう。

二月二五日に予定したデモと集会について、大石さんは闘争本部を代表し、津の機動隊担当者と協議を重ねた。いわば最後の大行動である。緊張感漂う交渉になったが、既述のように集会は中止となった。

芦浜原発白紙撤回が決まった翌日、大石歯科医院の電話が鳴った。

「機動隊の◯◯です。いろいろお世話になりました」

「どうも、こちらこそお世話になりました」

「今から私は機動隊の◯◯ではありません。尾鷲《おわせ》の一漁師の息子として、ひとこと言わせていただきます。ありがとうございました」

英国の新聞記事に

同じ日、ぼくは驚くべきものを目にしていた。反原発市民をつなぐメーリングリストに、京都の大学の先生がアップしてくれた異国の新聞記事である。

「住民力が原子力に打ち勝った／巨大な電力事業の建設計画中止は、日本の原子力計画の未来に大きな影響を与えた」

英国ガーディアン紙に掲載されたジョナサン・ワッツ記者のレポートだ。なぜぼくが驚いたかは、最後まで読んでいただければ分かっていただけよう。

記事の日本語訳を全文掲載させていただく。


日本の原子力産業は、昨日、歴史的な大敗を喫した。この国の最大手の一つである電力会社が、三七年間、建設に取り組んできた発電所建設計画を撤回させられたのである。

この国最悪の核事故から六カ月も経たないうちに、驚くべき後退が明白になった。事故は、日本の原子力に対する反感を増幅させ、政府の念願である原子力計画に疑問を抱かせたのだ。

中部電力は一九六三年、日本の中央部にある三重県の、景観に恵まれた沿岸部である芦浜に、一三〇〇MW《メガワット》の原子炉二基を建設する計画を公表。それ以来、長く厳しい闘争が続いていた。

北川正恭知事は昨日、行き詰まりを打開し、原発計画を初めて中止させた政治家となった。県議会で彼は、「地域住民の支持も協力も得られない計画は、白紙に戻すべきである」と述べた。数時間後、中部電力は代替用地を探し始めることを表明した。

この決定は、日本の原子力産業に大きな波紋を起こした。県議会議員は、住民側ではなく、働く場や税収をもたらす大企業の側につくのが通例である。

しかし、近年の一連の注目を浴びた事故や隠ぺいの結果、世論は反感を強めた。風潮が変わりゆく中で、原発に反対する人々が、いくつかの町で町長を選出し、四年前には、日本北部にある巻町で住民投票を行い、原発建設計画を撤回させた。

北川知事によると、昨年九月、東海村ウラン加工施設で制御不能の核分裂事故が起こり、核の安全性に対する不安が増大したため、決意したという。作業員が安全量の七倍のウランをバケツで加えた時に、一人の男性が亡くなり、四〇〇人以上の人々が放射線にさらされるという

International News
The Guardian Wednesday February 23 2000 19
People power overcomes atomic power
Future of Japan's nuclear energy programme thrown into question as utility giant is forced to scrap plans for plant
Jonathan Watts in Tokyo
Lebanon exit by year end
Suzanne Goldenberg in Tel Aviv
Radiation leak Nine in hospital as dumped radioactive material is uncovered in junkyard
Links
www.jaeri.go.jp/english/index.cgi
www.pref.mie.jp/ENGLISH/index.htm

2000年2月23日、イギリスの新聞「ガーディアン」に掲載された芦浜闘争終結の記事。

大事故が起こった。その後、作業員たちが非合法のマニュアルに従っていたことや、その施設はほとんど当局の検査を受けていなかったことが明らかになった。

「東海村臨界事故の後、人々の原子力に対する不安や疑惑は、これまでにない激しさとなった」と北川知事は語った。英国核燃料会社が、日本に輸送するＭＯＸ燃料の安全性のデータを改ざんしたという摘発も、原子力産業の評価を著しく損ねた。

三重県知事は、日本の原子力政策が五年ごとの見直し作業中であるという、政府にとって微妙な時期に行動を起こした。天然エネルギー資源の乏しい国である日本は、電力の三〇％を原子力に依存しており、二〇一〇年までに新しく二〇基を増設し、供給量を増やそうとしている。

昨日の決定は、少なくとも建設を遅らせることに繋がるが、その前でさえも、官僚たちは膨み続ける核に対する反感のために、目標を下げるべきかどうか議論していた。国会も、高レベル核廃棄物の新しい貯蔵用地を、どこにするかについての議論を始める予定である。現在の風潮では、このような施設を進んで引き受ける県は、おそらくほとんど無いであろう。

原発に反対する人々は、昨日の決定を歓迎している。「地域住民が三七年間戦って遂に手にした勝利だ。この決定によって、日本のどこであっても、地域住民の意思に反して原発を建設することは、もはや不可能になった」と、芦浜近隣の住民である柴原洋一は語った。

（和訳：牛江康子）

十四、闘争は終わらない

芦浜原発反対闘争は、決して終わった話ではない。芦浜の土地は今も中部電力が所有したままだ。政府もいまだ原発推進政策にしがみついている。

人間の健康・生命と生活を破壊し、人権をないがしろにする行政や企業の行いは、こと原発にとどまらない。人びとに戦うべき課題のある限り、闘争は終わらない。

沖縄では辺野古新基地建設が強行されようとしている。地元民意の無視は、南島への対応より酷い。さらには、福島原発事故による被災者、戦争や公害の被害者など、すでに生じてしまった被災・被害にたいしてすら、保護・救済・補償が怠られる。

国家や大企業のこうした仕業について、もしぼくらが黙っていたらどうなるのか。あなたにそのつもりはなくても、黙認・同意にカウントされてしまうのだ。そうなれば、否応なく被害者を追い詰める側に立ってしまうことになる。黙っているか、それとも声を上げて戦うか。ぼくら自身が試されている。南島町民は、後者を選んだ。

最後に、闘士たちとの会話から、もう一度、芦浜原発闘争をおさらいしてみる。

命をかけたから勝てた

人びとは、なんのために戦ったか。なぜ三七年間も戦えたのか。どうして勝てたのか。これらの答えは、互いに結びついている。

立ち上がった理由を知れば、戦いを諦める選択はなかったことが分かる。勝因は、最後まで団結を崩さなかったこと。それが、町議会と町長を動かした。民意による政治が民主主義というなら、南島町民が創り上げたものこそ、そうであろう。

町内七漁協の結束が大きい。一角が推進派の攻勢によりほころびかけたとはいえ、六漁協は不動であった。古和浦漁協は推進派が優勢になったものの、地区の漁民半数は反対派に留まった。漁協組織こそが、県民過半数の署名を集める行動を支えた土台だった。

漁協と町議会と行政と住民団体によって反対闘争組織が結成され、本部が町役場におかれた事実は、忘れてはならない歴史的快挙のひとつだ。町長が反対闘争本部長という町が、日本にあったのだ。

闘争の死命を決したのは、国会の公式調査団を追い返した長島事件（１９６６年）と、古和浦漁協総会阻止（１９９４年）の実力行動だった。

体を張ることなしには勝てなかった。正当な言論だけでは変えられなかった。情けないかな、それがこの国の民主主義の現実である。これらを実現せしめたのは、ひとりひとりの「私」の意思、覚悟、勇気であることを忘れてはならない。

「それにしても、なんで勝てたんやろ」。3ちゃんこと小倉正巳さんに改めて尋ねたら、かつての古和浦漁協反対派理事だった闘士の顔になって、こんな答えが返ってきた。

「命かけたでさ」

命をかけるべき理由とはなんだったか。六〇年代の反対闘争一回戦時、漁民たちは海を、命と暮らしを守った。八〇年代からの二回戦では、母親たちから「子どもたちを守れ」の声が起こった。3ちゃんのお連れ合い、紀子さんは「先祖から受け継いだ海をこわさずに、次の世代に受け渡すのが私たちの務めやと思いました」と語っている。すべてが、人生をかけるに足る理由であった。

ぼくはといえば、八六年四月のチェルノブイリ原発事故の惨状に打ちのめされ、幼子二人を抱えて、なすすべなくうろたえる若い父親だった。心臓をわしづかみにされたような恐怖のなかで、何としてもこの子たちを守るのだと、自らに言い聞かせた日々を思い出す。

漁民たち、とくに若い漁師たちは、町民意思を一顧だにしない中電や県に憤って「あいら（あいつら）、なめとる」という言い方をよくした。そうなのだ。原発推進側の人間たちには、地元住民への敬意がなかった。人として尊重する姿勢があるなら、とてもできないような仕打ちばかりであった。

「あいつらは俺たち町民を人間扱いしていない」

差別される側から見れば明白だった。そのことに、金と権力の側の人たちは気づこうとさえしなかった。芦浜闘争とは、人間としての誇りと尊厳をかけた戦いだったのである。

長らく闘争のリーダーだった阿曽浦の湊川若夫さんは、今伊勢に暮らしておられる。

過日、昔語りに「途中で闘争を止めようと思ったことはありませんか」と訊ねると、即座に「ないな。正義の戦いやったで」と、力のこもった答えが返ってきた。

南島漁民の闘争にかけた強い矜持を改めて知る思いだった。

親としての責務

三七年間を戦い抜いた人がいた。長島事件で科人《とがにん》の一人となった磯崎正人さんだ。

彼は一回戦後も警告を発し続け、有志会の立ち上げに参画し、古和浦にあって最前線で体を張った。一心を貫いた人だった。

ぼくは夜に、ときどき磯崎家を訪ねた。お酒を飲まない正人さんは、玄関からすぐの居間の定位置にいて、お連れ合いに「おい、水くれ」などというのであった。社会では、まだ反原発派を「変わり者」とする視線の多い時代であったが、ここに来ればぼくも「普通の人」であった。正人さんはすでにこの世にいないから、ぼくのことをどう思っていたのか、もう知りようはない。ただ、ぼくは正人さんが好きだった。あの茶の間にいると、ぼくは受けいれられて、本来、居るべき場所に居るような気がした。

めったに字を書かなかった正人さんが「鉛筆をなめながら書いた」文章がある。

我々が、今ここで曲がりなりにも暮らせるのは、この海を、度々《たびたび》血を流し、飢えに耐えながら守ってくれた、幾代もの先人のおかげです。二五年間（１９８８年当時）の原発反対を闘い抜いた、父・母らのおかげです。…我々の代で、海を原発推進の腐った奴らに売り渡せば、我々は〝売郷奴〟として永久に責任を負わねばなりません。

さらに、毎日毎日が、猛烈な放射能におそれおののく日々となり、仲良く平和に暮らしてきた私達の気持ちは、荒れ放題となります。

また原発が金をくれるという甘い考えの人もいます。もし、反対を唱えている我々が間違っていたとしても、未来で取り返しがつきます。逆に、もし原発を許してしまったら、自然を未来永劫に失うと同時に、未来の子供、孫に、取り返しのつかない大罪を犯してしまうことになります。我々にとって、このようなことが許されるでしょうか。我々は、二五年間、命がけで守ってきた大自然とその恵み、また我々にとって日本三大漁場である熊野灘、黒潮が運んでくれる海の幸を、子供達のために、絶対守らなければならないのです。これは親としての義務なのです。

方座浦有志会代表だった東一弘さんと磯崎さんの思い出話をすると、しみじみと言った。

「名前どおりの、正しい人やったねえ」

戦ったのは庶民

紀伊半島の三重県側には原発候補地が四つ、和歌山県側には五つあった。そのすべてを現地住民が止めた。今、この日本最大の半島には一基の原発もない。芦浜だけだったら、稀有な英雄譚といえるかもしれないが、そうではない。各浦々の庶民が、地域の未来をかけて戦ったのだ。

二〇〇〇年、南島町の住民はついに勝利を手にしたが、町全体としても、七つの漁村やその他の地区も、祝勝会のようなことは行わなかった。住民間の対立は辛いものであったし、

芦浜原発
絶対反対
古和浦有志会

2014年7月13日、津市でシンポジウム「芦浜原発を止めたまち　50年の歴史から知ること学ぶこと」が開かれ、大石琢照さん、小倉紀子さん、中村和人さんらが往時を語った。写真／チャン・ヴァン・ソイさん

敗北した推進派住民に配慮すべしとの判断があった。このような心情を持ち続けての闘争であったことを、推進してきた官僚、政治家、電力会社幹部たちは想像だにしないだろう。「推進派の漁師らやって、県や中電の犠牲者なんや」と、磯崎さんが言ったことがある。都会の人間たちによって、相争う構図を作られたことを住民は知っていた。

中電社員と県職員は、古和浦漁協の反対を切り崩すべく現地に逗留して工作し、地域の人間関係をズタズタにした。彼らとて、普通の親であり子であったろう。国家のエネルギー政策だの地域活性化だのと、権力に気持ちよく飲み込まれるための言葉や理屈は、ふんだんに用意されている。しかし、見るべきは目の前の事実だ。誰にも他者の人生を断ち切り、奪う権利などあるわけがない。

地域の暮らしがどのようにして成立しているか、誰が地域を真剣に見守ってきたか。それを想うとき、遠い都会にあって、この地に原発計画を押し付け、地域の暮らしを破壊した人間たちを、ぼくは憎む。

芦浜原発闘争勝利の記念碑のひとつは、もっとも対立の激しかった古和浦を避けて、隣の方座浦に建てられている。

原発は、いかなる理由があろうとも認められるものではない。南島町民がその思いを行動に移したとたん始まったのは、行政悪・企業悪・政治悪との戦いであった。

誰が住民の生命と環境と将来世代を守る責任をもつべきか。この国では、原発を一方的に押し付けられる側の、地域住民が責任を引き受けるほかはない。なぜなら、ほかに誰も責任を取ろうとしないのだから。

強大な金と権力に抵抗するには、命と暮らしのすべてを賭して戦うほかに道はない。わたしたちはいったい、いつまでこんな不条理をくりかえさねばならないのか。南島町の人びとは、ただ平穏に暮らしたい、故郷は故郷のままであってほしいと望んだだけなのに。

次の世代のあなたがたには、このような愚かな時代を終わらせて、ひとりひとりが大切にされる社会をつくっていってほしいと切に願う。

あなたの先行世代は、そう願って戦った。「闘争」があり、勇気ある無数の「私」がいた。そのことを伝えたくて、ぼくはこの本を書いた。

〈終り〉

NAGI61号（2015年夏）〜74号（2018年秋）に「芦浜闘争私記」として連載された原稿を、大幅に加筆・訂正しました。

南島町役場（現南伊勢町南島庁舎）に建つ「芦浜原発を止めたまち」記念碑の前で。子育てグループハハノワ、原発おことわり三重の会メンバー。前列左から2人目が筆者（2014年1月29日）。写真提供／久野宏仁さん

〈参考文献〉
『芦浜原発はいま 芦浜原発二十年史』北村博司（現代書館／1986）
新装版『原発を止めた町 三重・芦浜原発三十七年の闘い』北村博司（現代書館／2011）
『熊野漁民原発海戦記』　中林勝男（技術と人間／1982）
『芦浜原発反対闘争の記録 南島町住民の三十七年』
　南島町芦浜原発阻止闘争本部・海の博物館（南島町／2002）
『海よ! 芦浜原発30年』　朝日新聞津支局（風媒社／1994）
『原子力市民年鑑』　原子力資料情報室（七つ森書館／各年度版）
『いのちわたさへん!（新聞切抜帳）』　海の博物館（海の博物館/1988）
『いのちわたさへん!2』　海の博物館（南島町芦浜原発阻止闘争本部 ／1996）
『原発を阻止した地域の戦い・第一集』　日本科学者会議（本の泉社／2015）
『歴史物語り 私の反原発切抜帖』　西尾漠（緑風出版／2013）
『南島町史』（南島町／1985）
『紀勢町史』（紀勢町／2001）
※表記のない写真は、すべて「海の博物館」より提供いただきました。

芦浜原発反対闘争史

年表

1985年7月12日、19年ぶりの海上デモ。
南島町発行「芦浜原発反対闘争の記録」より

1963年（昭和38）

10月26日　日本原子力研究所が動力試験炉（JPDR）を開発。国内で初の「原子の灯」。

11月15日　中部電力、田中覚知事訪問、熊野灘への原子力発電所（原発）建設計画を初めて正式に示す。

28日　田中知事、南島、紀勢、長島、海山の町長を個別に知事公室へ呼び、原発建設への協力を要請。

30日　中日新聞朝刊「芦浜（紀勢町・南島町）、城ノ浜（長島町→紀伊長島町）、大白池（海山町）3候補地」スクープ報道。中電、県、計画を公表。

12月7日　中電、公益事業令76条による立ち入り調査許可を申請。

11日　白浦漁業協同組合（漁協）と矢口浦住民の反対強く、海山町議会全員協議会で調査許可の結論出ず。

17日　海山町矢口浦住民ら320人による反対デモの中、町議会全協が立ち入り調査を許可。三重県漁業協同組合連合会（県漁連）、海山町島勝浦から南島町古和浦に至る8漁協を集め、「原発関係地区組合長会議」を開催、初めて原発への対処を検討。

28日　三重県、中電に対し芦浜と城ノ浜の立ち入り調査を許可。

1964年（昭和39）

1月13日　県漁連、8漁協を11漁協に拡大した「原子力発電所対策漁業者協議会」を結成。

24日　県主催「原子力発電所中央関係懇談会」が開催、漁協代表50名ほか総勢90名が参加、国の係官、学者の説明を聞く。

2月10日　海山町、長島町の7漁協が原発立地反対を決議し、反対闘争本部を発足。

23日 古和浦漁協、総会で原発反対を決議し、南島漁民の原発反対運動の先頭に立つ。

3月7日 古和浦漁協、「古和浦原発反対闘争委員会（50名）」の第一回会合を開いて方針をつくり、具体的反対行動の開始を決める。

10日 「原子力発電所対策漁業者協議会」、原発反対を決議。翌11日に知事へ反対陳情を行う。

15日 南島町7漁協でつくる「南島町漁協連絡協議会」は正式に原発建設反対を決議。

16日 県漁連、南島〜海山の15漁協で「原発反対漁業者闘争中央委員会」を発足、各地区に原発反対闘争委員会を設置、原発反対決議文を県に送る。

4月13日 「闘争中央委員会」は、知事と県議会議長に、各地区大会の反対決議文と1万6360人の反対署名と建設計画放棄の要望を提出。

5月14日 津市水産会館で熊野灘原子力発電所建設反対三重県漁民大会開催、2000人が参加。

6月17日 朝日新聞号外で「原発、芦浜地区に決定」。県、中電は否定。

21日 長島町議会が原発誘致決議。

22日 南島町議会、野村町長の意向に反して原発反対決議、町議会に原発対策特別委員会を設置。

7月21日 南島地区原発反対闘争委員会、町長が賛成の意志であるとしてリコール運動の開始を決定。

24日 南島漁民、漁船400隻漁民2000人の海上パレード。錦港に上陸、奥村闘争委員長が錦漁協中世古理事と共闘を約束。

27日 紀勢町議会、芦浜原発誘致を決議。田中知事と三田中電副社長が会談後、原子力発電所立地調査地点を芦浜に決定と発表。

28日　古和浦漁民ら380人が県議会議事堂に座り込み。闘争中央委、実力阻止を決議。錦漁協に同一歩調をとるよう最後通告。
8月1日　南島町で原発容認姿勢の町長リコール運動。町長、助役が辞任。
10日　原発臨時県議会開催、里中政吉県議は南島漁民はじめ県下漁民の絶対反対の声を背に、徹底して原発反対を訴える。
11日　津球場にて原発反対県下漁民大会、参加者3000人。朝、紀勢町羽下橋で大会に向かっていた錦漁民と古和浦漁民が衝突、怪我人が出る。警察官600人出動（羽下橋事件）。磯崎古和浦漁協組合長、錦漁協に謝罪し一応平静をとりもどす。
13日　南島町漁協役員全員協議会、県に陳情。知事不在のため高谷副知事にせまり、副知事は、今後南島漁民が同意しない限り原発立地調査はしない旨の覚書「高谷メモ」を渡した。このメモが闘争終結まで南島漁民の大きなよりどころとなる。
12月28日　中電、芦浜原発想像図を発表。

1965年（昭和40）

1月23日　自民党県連「原子力平和利用研究会」主催の原子力平和利用講演会を伊勢市で開催。求めに応じて出席した100名の南島漁民は、主旨が違うと途中で全員が退場。
3月1日　県当局、県議会に450万円の原発調査費を上程。それを受けて南島地区反対闘争委は反対陳情、紀勢町は賛成陳情。
3月19日　闘争中央委、県下144漁協組合長の反対署名とともに陳情書を提出（錦のみ除く）。

20日　県議会、里中県議らの修正提案を否決、原発調査費原案通り可決。

5月30日　南島町原発反対住民大会、吉津中に3000人を集めて開かれ、原発実力阻止を決議。

7月24日　県は「熊野灘沿岸工業開発調査実施要綱」を商工労働委で説明し、三重県熊野灘沿岸工業開発調査委員会（委員長・宮崎副知事）を発足させる。

30日　宮崎副知事、芦浜現地視察を表明。南島町、ただちに視察延期を要請。

8月2日　南島町議会、視察中止を要請。副知事、断念。

11月15日　県、総額67億円にのぼる「熊野灘沿岸地域開発構想」を発表。南島町、紀勢町の主として道路整備と漁業振興に県の投資をにおわせた。海山町はこの構想から外された。

20日　「南島町原発反対対策連絡協議会（原対協）」結成。町ぐるみの体制が初めて整い、以降は原発反対の予算を町が計上することになる。

23日　中電は、芦浜の紀勢町側、南島町側の土地の買収を完了したと発表。

12月14日　南島町、町民8023人の反対署名簿を県知事に提出。南島町漁協組合長、町議が、全県議会議員に個人陳情。

22日　県議会、「原発問題で一時冷却期間をおく」決議。

1966年（昭和41）

1月18日　熊野灘沿岸工業開発調査委員会が「原子力発電所建設が熊野灘沿岸海域の環境及び生物の生産に及ぼす影響の予察報告」を発表。22日の説明会への南島町の出席を要請。

23日　南島原対協、「予察報告」に反論の声明を出す。

2月19日　県議会、原発関連予算1500余万円を計上。

21日　南島原対協は実力阻止の体制を固め、挙町一致の態勢を確立。県議会開会中は抗議集会等を続け、町内では緊急出動態勢を強化。監視船を常時芦浜沖に出動させることを決定。

3月7日　津市護国神社で原発建設反対集会の後、県議会へ抗議デモ。南島、南勢の町長以下漁民ら200人が参加。

9日　県議会で里中県議は、自民党が中電から金を受け取っていると発言し、それをめぐって波乱。

17日　海上パレード実施。南島漁協を中心に、志摩、南勢、海山、長島から約500隻2000人が参加し、芦浜の海岸に「芦浜死守」の大看板を立てた。

29日　南島原対協、4・7㎝×21・6㎝の「原発絶対反対の家」ポスターを各家に貼ることを決定。監視船の増強、国会議員への陳情、中電への抗議など反対運動の強化策を決める。

4月30日　知事の「近日中に態度を決定する」との発表に対して、南島原対協は、〝血をもって阻止する〟との声明を発表。

7月25日　茨城県東海村で日本初の商業用原子炉が運転開始。

8月8日　南島原対協による芦浜現地踏査実施。

27日　錦漁協、臨時総会を開き、〝反対している隣接漁協の同意あること〟を条件として、中電による現地調査への同意を決議。谷口錦漁協組合長は、中電にその旨伝えたが、測量機器の据えつけは、反対漁協があることを理由に断る。

9月17日　衆議院科学技術振興対策特別委員会より現地調査への協力依頼文書が南島原対協に届

く。町の各委員会協議会で協議の結果、視察を見合わされたい旨の返事をする。

19日　長島事件起こる。長島町名倉港で、南島漁民らが国会議員一行が乗った巡視船を囲み、現地視察を実力阻止。

26日　長島事件での逮捕、古和浦で始まる。以後、古和浦漁民30人逮捕、公務執行妨害、艦船侵入の疑いで25人起訴。

10月25日　錦漁協、中部電力と調査協力協定締結。補償金1億円、組合員一人に9万円。

11月13日　紀勢町は中電と精密調査に関する協定書に調印。

25日　長島事件初公判。（１９６９年6月6日に判決。中林専務ら2人が懲役6月、執行猶予2年、以下25人全員が有罪。控訴せず）

29日　南島7漁協を中心として漁船３００隻１０００人参加の海上パレードを実施。

１９６７年（昭和42）

1月31日　長島事件で新たに16人起訴。この結果、起訴処分合計25人、家裁送致9人、起訴猶予27人、参考人として取り調べ14人となった。

4月5日　原発推進論者の吉田為也紀勢町長、原発に絡む不明朗な町予算が問題となり辞表提出。

28日　出直し町長選、阪口才蔵、吉田の4選阻む。

7月5日　産経新聞朝刊、静岡県浜岡町に原発計画スクープ報道。通告がないことに田中知事怒る。

9月21日　南島原対協、南島漁協役員会は伊勢市の三重県鰹鮪組合で会合し、知事との会談に応じることを決めた。午後4時40分、１４０人全員が津市文化会館に集合、代表60人が別室で会談に臨んだ。知事は、県の方針を180度転換し、原子力発電所建設に関してはここで終止符を打つと約束。その発表はしばらく待ってほしいと発言。

26日 知事、県議会で「局面を転換して事態を収拾したい」と発言。紀勢町関係者ら90人、知事と会見、原発建設促進を迫る。知事、議会後の記者会見で「原発問題に終止符を打つ」と表明。

10月10日 原対協が解散。

18日 終止符宣言に怒る紀勢町錦漁民が、来町の田中知事を引き返させる（錦峠事件）。

1968年（昭和43）

3月1日 浜岡原発1号機着工。

1971年（昭和46）

10月25日 毎日新聞「熊野市井内浦に原発計画」スクープ報道。

1972年（昭和47）

12月24日 三重県知事選挙で田川亮三候補が初当選。

1976年（昭和51）

2月25日 三重県長期総合計画が作成され、「①地域住民の福祉に役立つこと。②環境との調和が十分に図られること。③地域住民の同意と協力が得られること」を掲げた「電源立地3原則」が明示される。

1977年（昭和52）

3月13日 『紀州ジャーナル』が「300万円事件の真相を探る」と芦浜原発汚職事件をスクープ報道。

6月7日　国の総合エネルギー対策推進閣僚会議で、芦浜を「要対策重要電源」に指定。

9月　田川知事、県議会で先の3原則に「原子力発電においては安全性の確保」を加えた「電源立地4原則」を表明。

1978年（昭和53）

1月12日　再選された吉田紀勢町長が中部電力社員から現金を受け取ったとして逮捕（のち辞任。2月、中部電力社員と共に贈収賄容疑で起訴に）。

2月26日　紀勢町出直し選挙。縄手瑞穂全逓三重地本委員長、初当選。原発一時凍結を公約。

1979年（昭和54）

3月28日　米国スリーマイル島原発で炉心溶融事故発生。

1980年（昭和55）

12月　田川知事、県議会で電源立地4原則に加え、「①国の責任②安全確保と責任の明確化③漁業との共存」の「電源立地3条件」を表明。

1981年（昭和56）

4月18日　福井県の敦賀原発で放射能漏れ事故発生。悪質な事故隠しが発覚。

1982年（昭和57）

4月10日　「熊野漁民原発海戦記」（中林勝男著、技術と人間社刊）出版。

1983年（昭和58）

4月1日　南島町、産業振興対策協議会（会長竹内組夫町長）を設置。

7月23日　「『原発いらない』三重県民の会」発足。

1984年（昭和59）

2月17日　三重県、原発予算3000万円を計上。南島町、予算に「原発補助金」を計上。

3月28日　南島町方座浦漁協に1億円の中部電力預金があることが発覚（翌日、新聞で報道。このころ古和浦漁協にも中電からの10億円預金の話が持ち込まれた）。

10月23日　縄手紀勢町長が町議会で「条件付きで原発受け入れ」を表明。

1985年（昭和60）

1月28日　藤田幸英自民党県連幹事長、「5月頃中部電力が調査申し入れ。これを受けて調査に当たりたい」と発言。

2月2日　田川知事が南島7漁協の組合長及び役員に原発勉強会への参加要請。

9日　県が芦浜原発関連予算4040万円計上したことを公表。

23日　神前浦漁協、奈屋浦漁協の総会で「原発反対決議」を再確認。

24日　阿曽浦漁協、贄浦漁協の総会で「原発反対決議」を再確認。慥柄浦漁協総会では「反対の立場を守ること」を合意。

25日　方座浦漁協総会で「原発反対決議」を再確認。

27日　古和浦漁協総会で「原発反対決議」を再確認。南島全7漁協の通常総会で原発反対が再確認され、神前浦、方座浦、古和浦の3漁協は知事提案の勉強会への参加も拒否。

3月4日　南島町漁協連絡協議会（湊川若夫会長）「原発反対」再確認と「勉強会拒否」を決定。

8日 方座浦漁協、「原発反対に支障」と中部電力の預金1億3000万円を返却。
30日 縄手紀勢町長と中電が立地調査の新協定を調印。
4月4日 中電、施設計画に芦浜原発1号、2号の計画を明記。
20日 「南島の海を守る会」(方座浦有志会らが主体)原発反対講演会開く。
5月24日 方座浦の女性たちが熊野市の遊木浦と新鹿浦の女性6人を招いて交流。
26日 「方座浦郷土を守る母の会」結成。
6月1日 中部電力、田川知事ほか、紀勢・南島両町に協力要請の予定。田中精一中電社長による田川知事への要請を受け、南島町民500人が役場前で町長に抗議。中電の南島町への協力要請を阻止。紀勢町ほか周辺6町村への協力要請が中止に。
9日 南島町7漁協、漁民2000人が参加した「芦浜原発反対決起集会」開催。
28日 県議会最終日「芦浜原発立地調査推進決議」が強行採決。自民、公明、民社、無所属議員団(三教組系)が賛成。社会党反対。県警機動隊が議場に導入される。南島漁民の怒り噴出。
7月12日 南島漁民、19年ぶりの「海上デモ」。漁船500隻1500人。紀勢町漁民有志も参加。
16日 南島町漁協連、「南島町漁協原発反対闘争委員会」を設置。
26日 女性団体「古和浦郷土を守る有志の和」と「方座浦郷土を守る母の会」の会員200人が紀勢町で原発反対のデモ行進。(以下、町内女性団体を「母の会」と総称する)
28日 「古和浦郷土を守る有志の和」が設立集会。「原発反対」を確認(400人が参加)。
9月18日 県議会本会議場が、傍聴に来た南島漁民の抗議で騒然となり議長が退去命令を出す。

19日　南島町議会、町民らの突き上げで漁協連との合同組織「南島町原発反対対策協議会」の設置を決定。会長・平賀久郎町議、副会長・西脇八郎古和浦漁協組合長。町ぐるみの反対組織。
25日　南島町議会、満場一致で21年ぶりに「原発反対決議」を再確認。
10月24日　方座浦と古和浦の有志会と母の会が、「原発ができたらこんなおいしい魚は食べられない」と伊勢市内でイワシを無料で配る。その後、同地で開催の広瀬隆講演会「東京に原発を」（「原発いらない」三重県民の会とSOS運動本部の共催）に参加。
12月18日　三重県土木部、住民の反対で原発反対看板撤去の強制代執行できず。方座浦有志会、新たに「芦浜原発実力阻止」の「合法的」大看板を建設。

1986年（昭和61）

2月9日　紀勢町長選で3人が立候補。建設会社社長谷口友見、初当選。現職縄手瑞穂、敗退。医師小関辰夫、町史上初の「原発絶対反対」を掲げ善戦。
20日　古和浦有志会、広瀬隆講演会を開催。400人が参加。
26日　三重県、芦浜原発関連予算4540万円計上。
3月15日　紀伊長島町、海山町の漁協でつくる「桂城湾を守る会」が芦浜原発反対の海上デモ。漁船160隻、約1000人参加。
26日　南島漁民ら300人が役場に押し寄せ、竹内町長に「原発勉強会に補助金は出さない」と約束させる。
27日　紀勢町錦の漁民が反原発団体「錦有志会」を結成し、広瀬隆講演会を開催。

4月15日　「芦浜原発はいま　芦浜原発二十年史」（北村博司著、現代書館刊）出版。
26日　ソ連でチェルノブイリ原発事故発生。
30日　チェルノブイリ原発事故のニュースが日本へ伝わる。
6月11日　神前浦、贄浦で有志会を結成。方座浦、古和浦を併せて4地区の有志会が初会合（後に阿曽浦にも発足）。
21日　4地区有志会の共催で小出裕章講演会「チェルノブイリと芦浜」開催。500人参加。
7月下旬　原発反対運動の先頭に立つ漁民や主婦に〝不幸の手紙〟や無言電話が相次ぐ。
9月13日　谷口友見紀勢町長「私は完全に原発推進論者」発言（『紀州ジャーナル』報道）。
10月4日　南島町の進歩を考える会（南進会）主催、三重県後援の講演会「電源立地と地域振興」が南島町内で開催。参加者700人。建設業団体による町外からの動員も。これに対抗して有志会、母の会などが小木曽美和子講演会「地域開発　夢と現実」を開催。参加者2000人。
18日　原対協が海上デモ。漁船400隻、参加者1100人。紀勢町から54隻参加。陸上では女性700人が町長に原発反対の要望書を提出。
11月26日　南島町漁協連、町内18歳以上の住民の75%に当たる6422名の原発反対署名を集める。
12月9日　養殖ハマチを攻撃する内容の情報番組をテレビ放映。推進派幹部が「南島漁民」に扮して出演していたことが発覚。

1987年（昭和62）

2月13日　三重県、原発関連予算5040万円を計上。

5月31日　南島町議会選挙で原発反対派議員が上位を占めて当選。賛成派議員2人当選。

8月23日　夜間、三重県地域振興部の松本正博部長が古和浦を訪れて有志会幹部に原発推進への協力を要請。県職員による古和浦での夜間の住民説得工作が始まる。

9月7日　中電が紀勢町錦漁協ほかに総額12億円の預金をしていることが発覚。

10月30日　藤田自民党県連幹事長、「中部電力は環境調査を申し入れる時期にきている」と発言。

11月27日　南島町の漁民2000人が「23年ぶりに」津市での原発反対デモ。同時に、三重県、県議会、自民党県連、中部電力に抗議書。「原発いらない」三重県民の会が広瀬隆講演会を津市で開催。広瀬は「この（南島町民のデモ）姿を日本人全部に見せてやりたい」と語った。

1988年（昭和63）

2月13日　古和浦有志会と古和浦郷土を守る有志の和、広瀬隆講演会を開催、400人が参加。

26日　南島町議会議長ら6町議、「三重県当局が行っている原発推進工作は地元を大混乱に陥れている」として県に抗議。

21〜28日　南島7漁協の通常総会で原発反対の決議を再確認。

28日　古和浦漁協の総会で推進派からの「外資導入、研究機関設置」動議を否決、原発反対決議の再確認は可決。推進派幹部は指を詰めて（ほんとうに自分の指を切った）抗議。

29日　竹内南島町長、「原発予算計上せず」と表明。

3月4日　5地区の有志会代表が竹内町長に「原発問題は凍結するように表明せよ」と申し入れる。

7日　田川知事、南島町の原発予算を一時凍結と表明。

4月26日　古和浦有志会の磯崎正人代表が推進派漁民に殴られて重傷を負う傷害事件発生。
8月26日　南島町民有志、中電の原発ＰＲチラシを箱詰めにして直接津支店に返却。
10月9日　古和浦漁協臨時総会で原発反対派の西脇八郎組合長辞任。翌年2月までの理事を選挙、原発推進派が初めて理事に就任（反対派5名、推進派2名）。
11月27日　三重県知事選挙で田川知事5選を果たすも南島町では反原発論者の鈴木茂候補に敗北。

１９８９年（平成元）

2月26日　古和浦漁協通常総会で役員選挙が行われ、反対派の大山組合長が再選（反対派理事4名、推進派理事3名）。推進派は理事長選で96票、組合長選で１０２票。
3月2日　竹内南島町長、「原発関連予算」を復活させて計上。
10月1日　南島高校生が原発問題をテーマに全校で実施したアンケートを文化祭で発表。町内生徒３６７人の親の86％が原発反対との結果。

１９９０年（平成2）

3月3日　磯崎古和浦有志会代表が推進派漁民に再び襲われるが、今回も犯人は身柄を拘束されず。
4月12日　古和浦漁協理事会、定置網新設案を可決できず全員辞任。
30日　古和浦漁協臨時総会の組合長選挙で、反対派の堀内清を選出（堀内清１１３票、上村有三１０５票／反対派理事4名、推進派理事3名）。
5月8日　中電が錦漁協に10億円、長島漁協に4億円、伊勢農協紀勢支店に1億円、同錦支店に1億円、同島津支店に1億円の預金をしていることが発覚。

1991年（平成3）

2月9日　関西電力美浜原発で事故。日本で初めて緊急炉心冷却装置が作動。
6月28日　三重県内の熊野灘沿岸主要定置網漁業関係者でつくる県定置網漁業協会の定例総会で熊野灘沿岸の原子力発電所設置に反対を決議（錦第一鰤大敷組合は協会を脱会）。
9月上旬　堀内古和浦漁協組合長や磯崎古和浦有志会代表ら反対派住民に、発注していない商品などが連日宅配される。
17日　古和浦漁協臨時総会で役員改選請求投票は過半数に1票足りず否決（出席141、委任状74、改選反対（原発反対派）105票、改選賛成（推進派）107票、無効2）。
12月24日　中電、錦漁協への預金を2億円積み増しして12億円とする。

1992年（平成4）

2月18日　古和浦漁協の財政危機を支援する反原発市民運動「SAVE芦浜基金」（三浦和平代表）が1億円を達成。
3月8日　古和浦漁協総会の理事補欠選挙で、反対派5名、推進派2名に。（票数合計は反対派108、推進派102）
4月16日　堀内古和浦漁協組合長、推進派組合員に襲われ10日間の負傷。
6月19日　堀内古和浦漁協組合長らが頼みもしない商品を送りつけられたり、脅迫電話や無言電話が日常化しているとして法務局に人権侵害救済を申し立てる。
8月2日　南島町長選挙で稲葉輝喜候補が初当選。記者会見で「安全が確認されていない原発はないほうがよく、個人的には反対だ。住民が望むなら住民投票もやぶさかではない」と発言。

12月14日　町議らの手になる「原発建設に関する町民投票条例案(上村草案)」が南島町議会全員協議会に提出される。3分の2条項など「阻止条例」案。

1993年(平成5)

1月6日　南島町における芦浜原発反対闘争を担う中心部隊として、第3世代ともいうべき青年らによる「南島町原発反対の会」(小西啓司代表)が結成される。

17日　南島町原発反対の会と母の会主催で、神前浦漁港広場で3500人の住民による原発反対集会と中部電力新営業所へのデモを行う。闘争史上最大規模。

12〜27日　各地区青年有志や漁協が町議を招いて原発町民投票条例案の説明会を開催。方座浦を皮切りに最後の奈屋浦まで7地区で1700人が参加。

28日　田川知事、稲葉南島町長と初会談し、「住民投票は慎重に」と牽制。

2月9日　南島町議会全協。条例案作りで合意ならず、制定を求め町民300人が役場前に集まる。

26日　南島町臨時町議会で「南島町における原子力発電所設置についての町民投票に関する条例」が賛成11、反対6で可決成立。「3分の2」を「過半数の意思尊重」と緩和。

4月30日　古和浦漁協臨時総会の理事選で推進派組合長が初当選(堀内清101票、上村有三109票。7名の理事選での合計票は反対派理事3名98票、推進派理事4名114票)。

7月12日　古和浦漁協業務運営委員会は同組合長に対し「大型預金を導入して組合財政基盤を確立することが急務かつ最重要課題」と答申。

26日　古和浦漁協幹部、中電三重支店に3億5千万円の預金を要請（後に2億5千万円で合意）。

9月8日　「原発止めたい女たち」など三重県内65の市民団体や労働団体（合計９５６４人）が田川知事に「原発計画を拒否」するよう申し入れる。

10月7日　中電、2億5千万円を古和浦漁協へ預金。

8日　古和浦漁協役員らが関西電力美浜原発へ初の公式視察に。

12月8日　古和浦漁協役員、中電現地事務所を訪れ、「漁業経営に関する支援のお願い」により2億円の支援を要請。組合として海洋調査の勉強会に取り組むことを表明。

15日　古和浦漁協役員、中電伊勢営業所を訪問、預託に関する覚書の内容について確認し、海洋調査補償金の前払金2億円の預託受け入れで合意。

17日　古和浦漁協の反対派組合員、2億円の預託金受け入れは役員が独断で決定した暴挙であるとして１００人余りの署名を添えて抗議。

20日　「古和浦郷土を守る有志の和」（富田英子代表）、古和浦漁協組合長に母親２８５名の署名を添えて抗議。漁協は、2億円を原資として組合員一人当り１００万円の越年資金支給を開始。組合員に「返済請求があったら直ちに返済します」との預かり証を提出させる。

22日　古和浦漁協の反対派組合員、91名の組合員の同意書を添えて2億円の預託金に対し、県知事に水産業協同組合法に基づく業務検査請求書を提出。

１９９４年（平成6）

2月10日　南島町原発反対の会主催「芦浜原発阻止名古屋大会」。南島町民１５００人が中部電力本

22日　店に闘争史上初の抗議デモ。白川公園で集会。
「原発いらない」三重県民の会、原発止めたい女たちの代表6人が中電力本店を訪れ2億円支払いの撤回と芦浜原発計画の中止を申し入れる。
25日　古和浦漁協総会で30年堅持した「原発反対決議」を撤回（賛成99票、反対78票、白紙1）。
27日　贄浦漁協総会で「環境調査受け入れ絶対阻止」、方座浦漁協総会で「環境調査反対」決議。
3月2日　贄浦漁協、「環境影響調査の受け入れ絶対反対」の要望書を稲葉南島町長に提出。
3日　方座浦漁協、「環境影響調査反対」「新年度原発関連予算見送り」の要望書を町長に提出。
4月26日　南島町民を含む中電エリア（三重、愛知、岐阜、静岡）の市民25人が、芦浜原発計画阻止に向けて中電役員への株主代表訴訟を名古屋地裁に提訴。
28日　三重県、古和浦漁協への中電2億円は「支援金であって、補償金には当たらず、違法性はない」とする業務検査書を交付。
6月8日　方座浦漁協、「高谷メモ」を遵守せよと三重県と中電に申し入れる。
27日　三重県、方座浦漁協の申し入れに対し「中電に対しては法令などを遵守するとともに『電源開発4原則3条件』を踏まえて対応するように指導する」と回答。
7月11日　中電と古和浦漁協の覚書が公表され、海洋調査に伴う補償金の一部として2億円を預託することが明らかになり、「支援金」だとする県の検査結果と食い違いを見せる。
9月16日　古和浦漁協を除く6漁協からなる南島町漁協協議会は「芦浜原発環境影響調査に反対する請願」を町内有権者5940人の署名を添えて町議会に提出。稲葉町長には環境調査反対を中電に申し入れる要望書を提出した。

21日　南島町議会、同町漁協協議会から提出された環境調査反対請願を賛成多数（賛成12、反対2）で可決採択。請願書には町内有権者の約75％が署名。

30日　南島町、南島町議会、同町漁協協議会は、田川知事と中部電力に環境影響調査反対の申し入れ書を提出。県側から「高谷メモ」は無効との見解が出る。

10月10日　朝日新聞の連載が「海よ！芦浜原発30年」（朝日新聞津支局著、風媒社刊）として出版。

11月24日　南島有志会と南島町原発反対の会が、稲葉町長の原発対策への不満から9項目の要望書を提出。申し入れ拒否の場合は辞職するよう求めた。町長は全項目を受け入れ、「原発絶対反対」と「環境調査拒否」などの町長宣言を行う。

28日　田川知事、「古和浦と錦の2漁協の海洋調査なら容認でき混乱しない」と発言。

29日　知事発言に対し、助役、議員、住民代表が知事に抗議のため出向き、県庁内で小競り合いに。

30日　中部電力が古和浦漁協と錦漁協へ海洋調査を申し入れ。南島町民1000人余りが役場前に集まり、東京出張中の町長に大至急の帰町を促す。町長を本部長とする「南島町芦浜原発阻止闘争本部」を設置。運動方針として「芦浜原発実力阻止、全県的署名運動、近隣市町村への協力要請」を決める。

12月7日　南島町民2800人、津市で反原発集会と県庁へのデモ。

14日　古和浦漁協前に方座浦漁協の組合員ら町民が座り込みを始める。南島町、中電、県漁連による三者会談が持たれたが混乱回避の話し合いは平行線。

15日　南島町民2000人が古和浦漁協前に結集し、同漁協臨時総会の開催を阻止、流会に追い込む。三重県警機動隊250名は町民の座り込みを排除しようと試みるが断念。南島町と中電は「調査には町長と町内漁協の同意を必要とする」などを約束。錦漁協臨時総会は海洋調査の受け入れを賛成多数で承認（賛成253、反対108）。

16日　錦漁協・中部電力、海洋調査協定。補償金・協力金8億5千万円。

20日　南島町役場に「原発反対の町」の看板を設置。三重県の要請で南島町と中部電力が8時間に及ぶ会談（県漁連と三重県が仲介役）。「南島町及び町内各漁協の同意を得るまでは調査を実施しない」「立地活動を一年間凍結」などの「確認書」と「覚書」が取り交わされる。

28日　古和浦漁協臨時総会で、海洋調査受け入れを賛成多数により承認（賛成112、反対96）。中部電力と協定、補償金2億5千万円、協力金4億円。

1995年（平成7）

1月30日　南島町長が四者会談（町・中電・県・県漁連）の協定に基づき「中部電力立地交渉員の早期引き上げ」を藤原県地域振興部長に申し入れ。この日予定されていた四者会談は、「中電が約束を守らず、工作員を退去させていない」として南島町側が中止させた。

2月19日　古和浦漁協の理事補選で推進派が当選。理事構成は推進派5、反対派1に。

26日　古和浦漁協総会で、中電からの6億5千万円を組合員一人に300万円の配分を決める。

3月24日　南島町議会、「南島町における原子力発電所の建設に伴う環境影響調査についての町民投票に関する条例」案（「3分の2以上」の賛成がなければ調査は不可）を可決。既設の「原発設置に関する町民投票条例」も「3分の2以上」に強化改定。

4月9日　三重県知事選挙で北川正恭前衆議院議員が初当選を果たす。

5月30日　南島町議選で16人の候補が無投票当選。新人はすべて原発反対派。

11月12日　南島町芦浜原発阻止闘争本部が50万人を目標とする「三重県に原発いらない県民署名＝芦浜原発闘争33年終止符運動」を開始。

12月24日　通産省が「原発立地地域温排水等対策補助金（2400万円）」を古和浦漁協に直接交付することを決定。

28日　古和浦漁協臨時総会で原発関連補助金による「漁場（湾内）環境調査」を決定。闘争本部は同時刻に町体育館で、国の交付金への抗議集会を開く。1500人が参加。

1996年（平成8）

3月28日　南島町が原発対策室を設置。予算は原発反対対策費305万円をあてる。

5月31日　81万人の県民署名集まる。闘争本部は南島町役場前に集まった町民の前で「三重県に原発いらない県民署名」集約結果を発表。県下69市町村から合計81万2335人分。南島町の代表100人が県庁に赴き北川知事と県議会議長にこの署名を手渡した。

12月2日　闘争本部、北川知事に原発白紙撤回を求める要望書を提出。自民党県議団には「芦浜原発計画凍結決議を求める請願」の提出に向け紹介議員となるよう要請。

5日　自民党県議団と県民連合、南島の請願の紹介議員を断る。自民党県議団、「芦浜原子力発電所設置問題検討委員会」（乙部一巳会長）を発足。

1997年（平成9）

1月7〜8日　自民党県議団（乙部団長、16人参加、5人欠席）、現地実情調査のため初めて南島町・紀勢町を訪れ、町長ほか反対派・賛成派の意見を聴取。2月に見解を公表。

2月4〜5日　県民連合（大平誠団長、14人参加、2人欠席）、調査のため両町を訪れ意見聴取。「以前の原発立地調査推進決議は議会の勇み足。芦浜原発は一時凍結が望ましい」との談話を発表。

3月7日　南島町、「芦浜原子力発電所建設計画の冷却期間をもうけ早期決着を求める請願」を三重県議会に提出。

21日　県議会本会議が南島町の請願を全会一致で可決採択。南島町から町長ほか闘争本部役員など120名が傍聴。

6月6日　稲葉南島町長ら闘争本部役員、採択された請願内容の実施を促すため、北川知事および県議会議長に「請願の取り組みについての要望書」を提出。県議会には県に対する指導を要請する要望書を提出。

7月8日　北川知事、南島町からの請願の趣旨に沿って南島町、紀勢町、中部電力に対して99年末まで冷却期間を設けるよう正式に要請。三者がこれを受け入れ「冷却期間入り」が決まった。

10月3日　闘争本部、「芦浜原発問題町民報告会」を開催。参加者1000人余り。冷却期間入りの経過報告と計画白紙撤回に向けての団結を呼びかける。

1998年（平成10）

4月5日　伊勢市で「脱原発みえネットワーク」設立総会。広瀬隆記念講演。県民署名運動を担った市民らが県内各地から150名、南島町からは清水助役ほか町民約150名が参加。

1999年（平成11）

2月23日 古和浦漁協総会の場で、冷却期間に入っていた前年10月に中部電力が同漁協に原発視察の日当など170万円を振り込んでいたことが発覚。

3月2日 闘争本部全体会議を開催。冷却期間中にもかかわらず古和浦漁協に資金供与した件で、中部電力へ抗議文を出すことなどを決める。

4月11日 三重県知事選で北川知事が再選。

6月6日 南島町議会議員選挙。当選者は強硬反対派8、反対派4、中間派1、推進派1、不明1。

9月30日 茨城県東海村JCOウラン加工施設で「臨界事故」発生。

11月16日 北川知事、現地実情調査のため南島町と紀勢町へ（意見聴取のみで質疑は無し）。南島町側意見陳述人59名、紀勢町側46名、計105名が反対・推進に分かれて7時間にわたって陳述。

17日 中電株主代表訴訟の控訴審判決。名古屋高裁は地裁判決を支持し株主側の控訴を棄却。

30日 中日新聞が芦浜原発に関する県民1500人を対象とした世論調査結果を発表。反対53%、賛成15%。南島町では反対86%、賛成8%。紀勢町では反対58%、賛成18%。

2000年（平成12）

2月7日 闘争本部全体会議を開催。海上デモは県民集会に全力をつくすために中止し、県民集会は2月25日に津市で2000人規模で開催することを決める。

16日 朝日新聞が芦浜原発に関する世論調査結果を公表。三重県全体では反対50%、賛成22%。

22日　南島町では反対83％、賛成10％。紀勢町では反対52％、賛成33％。

三重県議会開会。午前11時、北川知事「芦浜計画の推進は現状では困難、白紙に戻すべきと考える」と表明。午後2時30分、中部電力太田宏次社長「芦浜原発計画断念」表明。37年の戦いがついに終わった。同6時、南島町県民集会実行委員会、25日のデモと集会の中止決定。

3月28日　中部電力、2000年度電力施設計画から芦浜原発の名前を削除。

4月14日　闘争本部全体会議を開催。町内の看板や闘争本部について「要対策重要電源」の指定が取り消された時点で検討することを確認。今後の活動として「要対策重要電源の指定の取り消し」「芦浜の地を伊勢志摩国立公園へ編入する運動」を決めた。

2002年（平成14）

3月19日　国の総合エネルギー対策推進閣僚会議で芦浜の「要対策重要電源」指定を解除。

31日　「芦浜原発反対闘争の記録　南島町住民の三十七年」（南島町芦浜原発阻止闘争本部・海の博物館編、南島町刊）発刊。

※南島町「芦浜原発反対闘争の記録　南島町住民の三十七年」（記録）、北村博司「原発を止めた町　三重・芦浜原発三十七年の闘い」（町）、朝日新聞津支局「海よ！芦浜原発30年」（海）所収の年表から引用しています。「記録」の年表中ゴシック体で表記された項目を主に、「町」と「海」で補足しました。資料間で異同のあるときは「町」の日時や表現を採用しました。

あとがき

芦浜原発を止めたのは南島町民だ。勘違いをなさってか、ぼくにお礼を言ってくださる人がいるが、ぼくは南島人ではない。五年暮らしたが、漁民たちの戦いに学ぼうと、都市部からお手伝いに出かけただけだ。

「私たちは南島と一緒に原発を止めた」「芦浜阻止に大きな役割を果たした」残念ながら、こんなことをおっしゃる都市部の方がいるのも事実。歴史の捏造とまでは言わぬが、お互い謙虚でありたいと思う。

３１１後のことである。「日本と原発　４年後」松阪上映会のとき、ぼくは本の販売を担当した。すると、目の前に一人の老紳士がやって来て、芦浜関連の本を手にとった。自己紹介し、地域誌NAGIに芦浜闘争の歴史を書いていると話すと、その人はこう言ったのである。「これ、ぼくらが止めたんや」

おやおや、この人もか。いったい何者かと思って訊ねると、「乙部や」。

ぼくは一瞬にして理解した。二〇年前、自民党三重県議会議員団長であった乙部一巳その人であった。県議団による現地調査を実行し、地域破壊を認定。休止期間を提案し、知事に早期解決を要求した「見解」の執筆者と目された人物だ。

「あのときは、自民党との戦いやった」

ぽつりと漏らしたひと言に真実を感じた。乙部さんには、地方の保守政治家として芦浜問題に向き合った日々についての回顧録を残していただければと思う。


世の中、理不尽なことが多すぎる。好むと好まざるとに関わらず、抗うほかはないことばかり。本書がいま理不尽と戦っている人びとに届くことを願う。この世では加害から自由である者は少なく、自らの加害性とも戦わねばならない。そのことに自覚的でありたい。

北村博司さん（コラムニスト）には、いつも快く質問に答えていただき、保存する全写真の提供をうけた。月兎舎の吉川和之さん、坂美幸さんには、NAGI連載時から本書の企画・編集まで献身的に伴走していただいた。執筆にあたっては、家族、友人たち、同志たち、そしてたくさんの方々のお世話になった。みなさまのお支えなしに小著は生まれませんでした。心より感謝申し上げます。

二〇二〇年早春　柴原洋一

著者プロフィール
柴原洋一 しばはら・よういち
1953年、浜島町（現・志摩市）生まれ。信州大学人文学部卒業後、78年より三重県の高校英語科教師に。86〜91年、南島高校勤務。83年から芦浜原発反対闘争に加わり、90年代に南島町芦浜原発阻止闘争本部が組織した「脱原発みえネットワーク」の事務局長を務めた。2011年、退職。「原発おことわり三重の会」会員。

原発の断りかた ぼくの芦浜闘争記
2020年2月22日　初版第1刷発行

著　者　柴原 洋一
reverb@na.commufa.jp
発行人　吉川 和之
発行所　月兎舎 げっとしゃ
〒516-0002　三重県伊勢市馬瀬町638-3
TEL 0596(35)0556　FAX 0596(35)0566
URL https://www.i-nagi.com
印　刷　（株）シナノ

ISBN978-4-907208-16-5 C0036